家风的力量——新儒商家风（下册）

目 录

第一章　千年家国情，万世至德心

吴念博口述，叶彦岑撰稿

吴念博，1956 年出生，硕士研究生，高级经济师，苏州固锝电子股份有限公司创始人和实际控股人。2020 年 9 月，被聘为苏州固锝终身名誉董事长和首席教育官，兼任苏州晶讯科技股份有限公司董事长，中国半导体行业协会分立器件分会副理事长等职务。2013 年 9 月，获得慧聪网 2013 十大风云人物奖。当选“2020—2021 年全球华人经济年度成就与贡献 100 人”，博鳌儒商卓越人物。

我叫吴念博，我认为家风的影响力是巨大的，家风直接影响到我个人的成长和成人。我后来用“家文化”来经营企业，这种经营模式无可否认地说明“修身、齐家、治国、平天下”的大智慧。我们继承祖先的优秀文化，其实是继承祖先给我们留下的大智慧。

祖上“至德”，代代家风

孟子说：不孝有三，无后为大。什么叫无后？一是指生命没有延续，另一个意思应该是圣贤文化没有后人继承。“后”的第一要义是生命的延续，但生命延续仅仅是一个方面，最重要的是良好家风的传承。如果仅仅是以一个生命体的后人的存在作为“后”的存在的标志，那么，这个“后”是没有意义的。比如家有子女，但子女没有教育好，也可以说是“无后”。有“后”，就意味着良好的家风能被后人传承下来了。传承良好的家风，我们每一个人都是有责任的。

俗语说：家有一老，如有一宝。为什么家有一老如有一宝？这个“宝”是从哪里体现出来的？

家有一老，如有一宝，就是指为人父母者可以通过身体力行，给孩子起到榜样的作用，这就是现实版的教育。比如家有老人，为人父母者可以通过侍奉老人，为孩子做出示范，这就是身教。父母对孩子的身教才是真正意义的“家有一老，如有一宝”。教育有三个方面：第一是境教，第二是身教，第三是言教。境教，就是环境教育的意思。环境就是家庭成员特别是长辈营造出的气氛环境。气氛环境就像空气一样，一种有氛围、有气息的空气，只有这样的一个环境，才让人感受到这个环境对人的教育，这是不言而教，可以让你感受到有能量的东西。然后是身教，最后才是言教。

教育什么时候开始最好呢？当然是越早越好了，我觉得人一出生就应该接受良好的教育，因为父母亲良好的气场、良好的人品对孩子的影响已经是一种良好的教育。

中国人很注重教育，孩子还没出生就开始进行胎教了。在人的一生中，最重要的受教育时间就是在 3 岁前。用一台新的电脑装程序来比喻一个人的成长：孩子到 3 岁的时候，这个孩子的程序基本都装好了，如果还有程序上的问题，在孩子 3 到 6 岁的时候还可以有点儿补救，还可以补个大补丁，但孩子 6 岁之后才纠正他们的习惯性问题，就要费很大的力气和工夫了。所以，环境对人的影响是非常大、非常深刻的。从 0 到 3 岁，孩子对这个世界的种种现象是不明白的，对父母亲大多数言行也是不理解的，但父母亲的存在就是环境，对孩子的成长起到潜移默化的影响，而且，影响是深刻的。良好的环境，才能让孩子形成良好的品质。

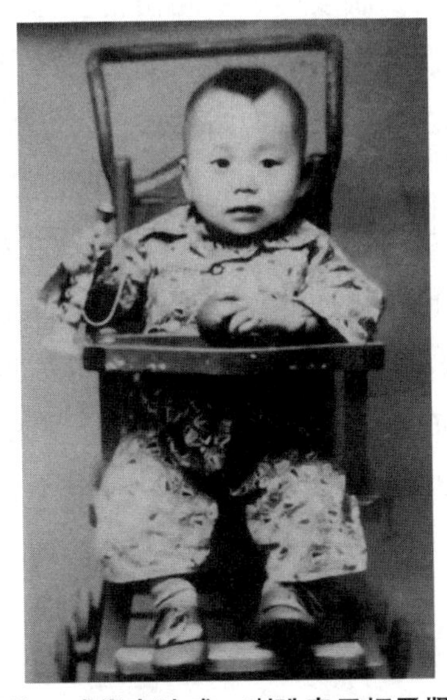

我婴儿时候的照片：球代表地球，喇叭表示把圣贤文化带给全世界

0到3岁的我还不懂事，但因为我们是吴氏家族的人，吴家是有自己家族基本的价值观的，我似乎能感受到吴家的价值观的影响。我们吴家起于泰伯，也就是说泰伯是我们吴家的祖先。泰伯是人人皆知的道德楷模，孔老夫子在《论语》中专门有一篇叫《泰伯》，把泰伯称之为“至德”。在《论语·泰伯》中，孔子在对尧舜禹等古代先王进行评价的时候，曾说：“泰伯，其可谓至德也已矣。三以天下让，民无得而称焉。”那位“三让天下”的先贤，就是泰伯，就是我们吴家的祖先。所以我们吴家的祖先泰伯是以“让”而名闻天下、流传千古的。

泰伯是我们吴家的创始者，我们之所以姓吴，就是因为泰伯到了我们这个地方，把周朝的文化带过来。《史记·吴太伯世家》：“吴太伯，太伯弟仲雍，皆周太王之子，而王季历之兄出。季历贤，而有圣子昌，太王欲立季历以及昌，于是太伯、仲雍二人乃奔荆蛮，文身断发，示不同用，以避季历。季历果立，是为王季，而昌为文王。太伯奔荆蛮，自号勾吴。荆蛮义之，从而归之者千余家，立为吴太伯。”

所以，我们其实是姓姬，吴姓真正的姓氏是周朝的国姓“姬”。周朝延续了近800年，是中国历史上延续时间最长的朝代，究其原因，首先除了与周公制定的分封制度、礼乐制度等密不可分外，周公家族的治家精神和家风也是必不可少的重要因素。周公的曾祖父是西岐（今陕西省岐山县）周部落首领古公亶父，在商朝的时候被封为西伯侯。古公亶父有三个儿子，分别是：长子泰伯、次子仲雍、三子季历。三个儿子在德、才、慧诸方面都非常优秀，三儿子季历的儿子姬昌尤其优秀非凡，自小聪明过人，才华出众，特别是出生时就曾出现凤凰鸣啼的祥瑞征兆，深得古公亶父的喜爱。古公亶父晚年的时候，想把振兴周的重担交给姬昌，把西伯侯的爵位传给他，然而当时周的礼法是立长不立幼，泰伯作为古公亶父的长子，是法定的爵位继承人，然而泰伯一旦世袭了西伯侯的爵位，姬昌就不再有继承爵位的机会。这件事让古公亶父非常难办。泰伯明白父亲的心思，于是，为了成全父亲的心愿，在孝悌传统文化熏陶下的泰伯和仲雍便趁父亲病重之时，以上山采药为由离开了西岐。

泰伯出走采药后不久，古公亶父便去世了，泰伯与仲雍回西岐为父亲奔丧，季历拿出父亲让泰伯继位的遗嘱，哭着请求泰伯继位，然而泰伯坚决不从，料理完古公亶父的丧事后，泰伯和仲雍便再次离开了西岐，季历继位为西伯侯。季历继位后，勤政安民，整肃朝政弊端，不断地开疆拓土，却遭到奸人的嫉恨，被暗害致死。泰伯和仲雍又一次回西岐为弟弟奔丧，群臣再次恳求泰伯继位，泰伯依然坚决不从，办完丧事后便又立即返回江南吴地，王位由泰伯的侄子即季历的儿子姬昌继承，这位姬昌就是后来结束商纣暴政、被囚困羑里 7 年而研制出《周易》、建立了周朝的周文王。这就是历史上著名的“泰伯三让天下”的故事。泰伯“三让天下”既是为父亲排忧，也是兼顾兄弟之情，更是受良好家风教育熏陶，修成“至德”的体现。泰伯的谦让、善良、宽容、孝顺和忠诚为周朝更为后代树立了光耀千秋的典范。

泰伯奔江南荆蛮之地后，很快就融入当地人的生活中，吃穿等生活习惯都与当地人一样，甚至像当地人那样文身，完完全全把自己当成了荆蛮部族的一分子。当时的荆蛮跟中原地区相比，经济文化都非常的落后，生产方式仍然是原始状态的“刀耕火种”，百姓过着“半生为食，以棚为窝”的生活，以入水捕鱼为生的荆族蛮民，确实处于未开化的蒙昧状态。江南被称为“荆蛮”之地，也就说明大多数中原人是看不起江南荆蛮的。泰伯运用中原的文化和生产方式，去为当地老百姓服务，带领荆蛮百姓历尽艰辛，创立农耕文化，发展江南一带的农耕经济，和当地人一起采用“以石为纸、以炭为笔、以歌为乐”的方法，教育荆蛮部落的孩子们练习写字、读书唱歌。泰伯还把原来周朝的诗歌和当地原有的蛮歌、土谣相结合，首创了“吴歌”。泰伯 95 岁去世后，由于他没有子孙，他的二弟仲雍从常熟过来继承了君位。周灭商后，封仲雍后代周章为诸侯，国号改称吴，并追封泰伯为吴伯。泰伯奔吴至德的功绩真可谓是：“志异征诛，三让两家天下；功同开辟，一抔万古江南。”

我们吴氏后人，一出生就拥有这个姓氏，就受到祖先的影响，他们教育后人如何为人处世，做一个对社会有贡献的人，就是常说的那种奉献、担当之类的美德。家有一老，如有一宝，就是承担教育后代的责任的意思。“后”就是优良的文化、生活习惯，包括家族里面的一切好的风俗习惯，都得到了传承，我们也有责任把祖先的优良传统传承下去。

2015 年 5 月 27—29 日，我前往联合国汇报幸福企业建设

父母之智仁，创业的源泉

在我稍稍懂事且有记忆的时候，我妈妈给我的印象是勤俭持家的人，而我爸爸则是乐于助人的人。我妈妈怀我的时候，在上海的纺织厂当工人，那时候的纺织厂是很艰苦的，工人都是睡在纺织厂的楼板上的。后来，我妈妈生我的时候回到了苏州。我是在苏州出生和长大的。我爸爸妈妈在生活方面，像穿衣、吃饭、用水等事情，都很注重节约。这种节约并不是因为社会经济困难、大家生活贫穷才产生的，而是他们自身拥有的美德，与生活是否富足并没有关系。我妈妈有一次跟我讲了我爸爸的一件事。有一天家里来了客人，让我爸爸帮客人买东西，我爸爸没有犹豫就去买了，买回来的那个东西很重，我爸爸是把它背回来的，因此我爸爸的身上留下了一道道红红的印痕。我父母一大早去买菜的时候，如果邻居有需要帮忙带菜的，我父母都会帮他们顺便把菜带回来。除了带菜，他们也会帮邻居家

做些其他力所能及的事情，我父母在能够帮助别人的时候，是不会拒绝别人的。

我父亲凡事都很谦让，让我印象深刻。我们家的房子是祖上传下来的，我父亲上面还有哥哥姐姐，是家里最小的，父亲说如果他的哥哥姐姐要房子，就让给他们。我舅舅家里有什么事情需要我们帮忙的，我父亲能帮忙的，都会去帮助他们解决。我大舅和二舅结婚的时候，都是我父亲出钱来承办婚礼的。像这些点点滴滴日常琐碎的事情，因为我父亲如此这般乐于助人，这就深深地影响了我后来的行为习惯，我也变得喜欢去帮助别人，而且是从小就喜欢去帮助别人。但是在那个时候，虽然我是喜欢帮助别人，也许是年龄太小，我还是有一点点想通过帮助别人而让别人觉得我好的想法，有一点点希望别人表扬我的心理期望。其实，在今天看来，小孩子这样的心态是不太好的。但在父亲母亲素朴的、没有任何世俗功利的助人行为的长久影响下，我帮助别人的心态和动机变得与父亲母亲一致了，父亲母亲其实就是孩子成长的人生导师。

我父亲是一位技师，他喜欢搞各种发明创造。父亲在一家纺织厂工作，在纺织厂里，他应该是属于那种会动脑筋搞技术革新的技师，因为那时候他被称为技术革新能手，《人民日报》还专门登过他的事迹。在他搞的技术革新项目中，其中有一项是纱的染色，以往纱的染色是要把纱松散下来后才能染色的，在染色完成后再把纱弄到纱锭上。我父亲发明了更简单、更方便的纱染色方法，把纱锭直接通过高温高压就可以染色，不再需要把纱锭的纱松下来，减少了纱染色的许多工序和繁复的过程。我父亲的技术革新在国内都是首创。我父亲的革新勇气，让我在工作遇到困难的时候，能够找到解决问题的勇气、方法和思路。当我遇到困难的时候，我常这样想：为什么我会碰到困难？困难就是因为我的能量不够才会感觉犯难。如果我的能量是足够的，所遇的问题一定会被看得清清楚楚，而问题马上就可以得到解决。所以我们今天碰到的所有难题，都是缘于自身能量不够。如果这样子想了，那么当我们能够把问题解决了，就会有兴奋的感觉了，因为我不仅仅是解决了问题，同时还增加了自身的能量。增加自身能量是件开心的事情啊！所以遇到困难时要心平气和，要有勇气。这都是我从我父亲那里学来的心态和勇气。

全家福

与父母亲一起生活的这些经历，都成为我创业的精神支柱。我在经营公司的时候，就是靠这种精神支撑的。1973 年，我从苏州第十九中学毕业并留在校办工厂工作。1983 年，到苏州电子职业大学攻读无线电专业。早在上中学时，我就深深迷恋上了电子技术。从电子管到晶体管，再到集成电路，为了研究这些技术，常常废寝忘食。读大学期间，经过夜以继日的钻研，成功发明了直读式电子相位仪，得到全国各大高校权威专家的高度认可，后来更被广泛应用于大学物理实验室中。1989 年，我任校办工厂副厂长的时候，结识了一位从事二极管生产的台湾商人，由于我们两人都对电子技术的未来发展有着高度共识，于是决定携手合作。但合作项目需要 19 万美元资金，在 20 世纪 80 年代末对于一个“三无”（即无资金、无技术、无市场）的校办小厂来说，这简直就是一个天文数字。那时我们经营的企业是校办企业，校办企业是不能亏损的，因为校办企业亏损就要把老师的工资拿出来去填补，整个学校就会出问题，所以只能把它办好。正因为这样的原因，当初所有人都不同意我们办这个企业，别说政府部门不支持我们，包括银行都不愿意支持我做这个事情，所以我们公司是借了 19 万美元开始做起来的。当时，我的朋友借了 10 万美元给我，然后还帮我做了担保，我们又借到了十几万美元，企业当时是负债经营的。我们没有房子、没有土地、没有技术、没有钱、没有市场，这是一个什么样的难度啊！我克服了重重困难，积极奔走，多方筹措资金，硬是凭着自己对事业的执着追求，“一定要将公司办成”的念头以及后来银行、学校领导及朋友对我的信任，最终促成了该合作项目，成立了最初的苏州固锝电子有限公司，专业生产整流二极管。公司建成之初，万事需要我决定和落实，一天工作结束时，常常已是凌晨时分，后来我干脆住到厂里，以厂为家了。为了解夜班的情况，我还时常半夜起来到生产线关怀员工，早上 5 点多又会起床开始一天的工作。创业初期，资金相对匮乏，为了给员工按时发放薪水，我四处奔波；为购买一台设备我省吃俭用；要做新项目没有资金，我千方百计筹措。面对种种困难，我都设法一一解决，固锝很快就驶上了发展的快车道，我们还是很幸运的，企业做了半年多就开始赚钱了。不到两年，不仅还清了所有欠款，还有盈利。所以我们公司从来没有亏损过，也许这是一种幸运，其实也是必然。这个世界上是没有偶然的事情，所有东西都是必然的，没有一朵雪花是飘错地方的，而这种必然就是家庭和家族的美德，成就了今天的一切。

父严母慧，自强不息

父亲对我要求特别严格。我有两个姐姐、三个妹妹，我是家里唯一的男生，是家里的独子，按照重男轻女的陋习我应该是家里最受宠的孩子，但是我爸爸并没有特别宠我，反而在培养我的时候是非常严格的。我爸爸对我是怎样严格要求的呢？比如，在我小学低年级的时候，有一次跟小孩子玩游戏时，我把阿尔巴尼亚香烟叼在嘴里假装抽烟，感觉酷酷的，玩过后就把香烟扔掉了。我父亲知道了我学抽烟的样子后，要求我一定要写检查，而且把我写的检查贴在了床边。所以，从此以后我从来就没有抽过烟。其实，我自己也不喜欢抽烟，虽然儿时的行为仅仅是玩耍和游戏，我父亲也很认真地对待和严格地处理，至今让我印象深刻。小时候做错事被父母体罚一下是很正常的，不过，我母亲非常喜欢我，从来就没有打过我。我父亲也从来不会随便打人的，至于我父亲什么时候、什么原因打过我，这些事情我都忘掉了，也不会记得了。

父亲对我的严格要求，使我直到今天都会在各方面严格要求自己。比如，作为企业的管理者就要正己化人，修身、齐家、治国、平天下，因此我首先带头学习并实践。我的专车用了十几年一直没更换过。有时工作晚了我就住在厂里，除了怕司机辛苦，还担心回去晚了影响我太太睡眠。现在头发白了也不再染发了，因为我对“身体发肤，受之父母”有了更深的体会，同时也是出于对染发剂污染环境的考虑吧。我出差时只带一个背包，以便减轻飞机的重量。住酒店时也不用垃圾袋，为的是保护环境。我经常率领公司高管清晨在公司门口鞠躬迎接上班员工，也经常打扫卫生间，为员工做好榜样。

2016 年 12 月 31 日，我在中华智慧商业应用论坛分享体会

我父亲喜欢动脑筋钻研专业技术，我稍长大了一点儿，他就教我学习半导体、电子方面的技术，以至电子方面的设备我都能自己安装。我很小就开始安装收音机、电视机，那个时候的电视机跟现在电视机完全不同，我们那时候的电视机是电子板的，现在的电视机都是集成电路板的。那个时候电视

机的安装需要弄一块板，在板上打好洞后，就在板上一点一点地布局各种零部件，当时我已经能独立完成安装电视机的所有工序。我父母亲都很支持我做电器安装这些事情，我爸爸还特地买了一把电烙铁给我。当时能够买到这些东西是很不容易的。我们那时生活在苏州，电烙铁是我父亲专门去上海买给我的。我的成长环境还是很宽松的，那个时候我父母的收入也不多，我妈妈把一个月所有的工资交给我，让我来负责处理家里的吃饭问题，我小就要持家和打理我们家了。我 12 岁就开始当家，在家里做所有的家务，像买菜、洗衣服、洗被单等这些家务，我能做的事情都要自己来做。现在看来，我妈妈是很有智慧、很有远见的。我父母认为我是家里唯一的男孩子，就下了决心要好好培养，所以他们通过让我管家的方式来培养我。我们那个时代的男孩子好像都有一点儿优越感的，大多数男孩子好像觉得自己是男孩子，在家里就应该受宠一点儿，但是我父母亲不认为男孩儿就应该受宠一点儿的，他们与大多数重男轻女的家庭是倒过来做的。

父亲的勇于创新与突破的精神和母亲让我当家做主的教育方式培养了我的管理能力，给了我喜欢突破与善于管理的思维和能力，在这种思维和能力的引领下，我在做企业的时候就有了走在人先的思维和眼界。比如，我深知产品品质对于一家电子企业的重要性，因此很早就开展国际权威质量评审机构的 ISO 9000 体系认证。

宽和向上，热爱阅读

由于平常我都比较忙，对孩子的照顾稍微会少了一点儿，在照顾孩子方面，主要由我太太承担起教育孩子的责任。那时，我到大学上课的时间正好是孩子到幼儿园上学的时间，这样我就可以有机会送他上学，陪他出去看看，父子间也有了很多交流的时候。那时我也年轻，我送儿子上幼儿园的时候，是用一只手抱着他，用另一只手骑自行车的。当然，现在看起来这是很冲动的行为，因为一只手抱着孩子，用另一只手上自行车是比较难的，但是我是非常有把握才敢这样做的，没有十足把握，我是不会做给自己带来危险的事情的。

现在回想起来，那些陪伴儿子的时间感觉特别温馨和亲切。

与儿子在马来西亚汉学院

我们家的家风就是长辈的身教，我儿子从小就观察到我们怎样做事和做人的，他看到我怎么样去努力地工作，他妈妈是怎么样学习和工作的。孩子的妈妈在图书馆工作，孩子上学的那所学校就在我太太工作的隔壁，孩子一放学就到图书馆去看书，因此，我们的家庭氛围显得比较简单、平和。当然啦，小孩子毕竟是小孩子，在成长的过程也会有一些爱好，比如会玩玩坦克大战之类的电子游戏。在儿子小的时候已经有像坦克大战之类的简单版本的电子游戏了，儿子有时会半夜起来玩游戏。有一次，我们看见家里半夜有点儿亮光，儿子半夜玩游戏的事情就被我们发现了。当然，我们也不会因此批评和处罚他，因为我们相信孩子还是有足够的是非判断能力和控制能力的。我的孩子应该算是优秀的，他留学日本 13 年，现在回来工作了。儿子小升初时以第一名的成绩就读苏州最好的中学，中考时的成绩也是非常优秀的，全苏州考了第十二名，其他人都有加分项，儿子的这第十二名是没有像奥数比赛、科技竞赛或者艺体特长等的加分的，完全是他的裸分，所以他有条件去日本留学。

在培养孩子方面，我们从小就对他进行艺术培养，其他功课或兴趣就没有对他有要求；比如快到考试了，他没有复习，我们也没有对他批评指责的，相信孩子就好了。有一次，他在考试的前一天还在看电视，结果语文还考了100分。语文能考满分，也就是意味着作文也考满分，这是非常不容易做到的事情，因为这成绩不是随随便便就可以拿到的，这是需要6位阅卷老师同时认可通过才行的，整篇作文必须没有一个错别字，没有一个标点符号的错误，同时文章的文理和思想都非常完美优秀。假如有一位阅卷老师扣分了，那就不可能拿到作文满分的。孩子在学习方面，除了在他小时候给他请过一位英语老师辅导功课，其他功课都没有给他请辅导老师。有一次他参加英语奥赛，考了全国第十六名，当时他是到北京去领奖的。儿子还很小的时候，我们就让他开口说英语，儿子说他害怕，我就带他到宾馆对他说，一定要开口讲，让他跟外国人对话，后来他到苏州大学的英语之角练习口语，慢慢地，他的英语就好起来了。当他有一门功课是特别好的，就比别的同学都少了一门功课的压力，自信就出来了。

我的家庭应该算是那种学习型的家庭吧。我原来是在学校当老师，太太的长辈都受过高等教育，我岳母也是老师，我岳母离开我们的时候已经是90多岁的高龄了。我岳母是大学毕业生，毛笔字写得非常好。在岳母年少的年代里，国内女子能读大学是非常非常稀少的，因为那时一般的人是没有条件接受高等教育的。我岳父年轻时跟郭沫若一起在日本留学，是学生会主席。我太太也是蛮好的，我跟我太太谈恋爱的时候，我太太属于家庭成分不好的那一类子女，她父亲是国民党，而且是国大代表，那个时候叫阶级成分或者家庭成分不好。我岳父家里原先的藏书种类和数量都很多，后来岳父家里的藏书要烧掉，整整烧了好几天才全部烧毁了，至今，对书籍的珍惜和喜爱的感觉一直都沉甸甸地留在我们的心里。我找爱人的时候，也没什么标准，就是跟着感觉走，跟着让人舒服的那种感觉走，而这种感觉就是我们常常说的内在素质。

在家学习

我们的家庭生活与许多家庭那样，平实、宽和、向上和喜爱阅读，家人间彼此是浓浓的爱，分不开的情。

“家文化”与人间幸福

家庭是体现“真爱”的场所，家庭成员之间充满着真诚和信任；家庭也是人们成长的场所，家风和家教影响人的一生；家庭也是养成规矩的场所，“家有家规，国有国法”。中华文化根植于家文化，家庭中“无我利他”的真爱是中华文化的根脉和精髓，将真爱由家庭扩展到更广的范围，最终形成中华文化“万物一体”“天下一家”以及“人类命运共同体”的世界观。我把传统文化导入企业，让员工读经典、学习文化知识，有效地提高了员工的幸福指数。固锝集团内举办有圣贤教育、礼仪讲座、孝亲电话、好话一句分享、读书会、生日会等人文教育活动，在丰富职工的业余生活的同时更提升了大家的传统文化素养。在我的带领下，固锝慢慢摸索出八个模块组成的幸福企业体系：人文关怀、人文教育、绿色环保、健康促进、慈善公益、志工拓展、人文记录和敦伦尽分。

人文关怀是通向“家文化”的一把钥匙，它让员工与企业从契约关系提升到家庭关系。“人文教育是幸福企业家文化建设的根本”。工作之道在明明德，企业之道在明明德，所有的一切都应服务于人的心灵品质的提升，即“历事炼心”。通过传统文化教育，让员工们明因果，断恶修善，不履邪径，不欺暗室；让员工明白提升生命的质量，并不只依靠外在的物质，更重要的是心性的提升。因此，固锝每天有晨读、午间学习。我总是会率先垂范，每一期的人文教育学习班，我只要不出差，都会陪伴员工参加，别人学一遍，我学五遍、十遍。直到现在，我仍带领公司高管坚持每周六上午集体学习传统文化。此外，固锝还定期举办读书会，从经典的阅读和分享中汲取精神食粮。

第五届服务中国论坛

永不裁员是固锝自成立以来一直承诺的理念，固锝是“拟家庭化组织”，员工就是家人，没有人会在遇到困难时把家人拒之门外。人才是企业发展的根本，留住人，企业才能运转。

“家文化”下的大爱与大我

固锝幸福企业的构建，彰显了我们高度的社会责任感和担当。绿色、低碳、和谐是企业的社会使命，在企业发展的同时，更要注重社会责任的承担，将追求单一功利的企业组织改造成追求幸福的企业组织，使传统企业向社会企业靠拢。

“天人合一”是中华文化的核心，由此延伸出敬畏天地、万物一体、节俭惜福等中华民族传统的文化理念。固锝以“绿色环保”为导向，瞄准低碳、高效、节能的发展方向，将绿色设计、绿色采购、绿色销售、绿色制造的4G理念贯穿整个产业链，在经营生产中践行绿色低碳，同时更注重生态环境的保护。

从2010年开始，固锝在内部倡导少肉食、少用电、少消费的“减碳333”理念、五分之三行动、低碳出行、零厨余等，提倡员工食用健康低碳餐。餐厅不提供餐巾纸，而是给每位员工都发了手帕，低碳生活的各种细节在固锝随处可见。

固锝还热心公益，促进社会和谐，为其他企业做出了表率。公司90%以上的员工都是苏州志愿者平台的注册志愿者，他们走进社区、街道、风景区开展资源分类回收、爱心义卖、净街净山、擦洗公交车站台、清洁公交自行车等公共设施活动；常年开展废弃电池以旧换新活动；坚持每月走进当地敬老院、空巢老人家庭、智障学校为老人和孩子送祝福、送温暖。在我的倡导下，固锝志愿者走进固锝所在地区通安镇的23个失独家庭，并与之结对，建成“连心家园”；每年组织员工义务献血。

2013年9月，固锝还成立了明德基金会，基金会的项目范围包括扶贫济困、赈灾救助、致力于“幸福宝宝”关爱计划的实施以及搭建圣贤文化论坛平台，期盼能够做出榜样，与更多企业和团体一道来共同承担社会责任。2013年底，应广西大新县政府邀请，基金会在我的带领下，开始到位于中越边陲的民族希望中学进行幸福校园建设。学校是县里最偏僻落后的一所中学，学生大多是留守儿童。2013年至2015年，基金会每年都会派志愿者到学校，为师生们进行师德和生德培训，学习中华孝道，引导孩子们开展“环保爱地球”活动，关注社会弱势群体，开展“敬老院关怀”活动。到2017年，该校的升学率从全县最差变成了全县第一。

作为幸福校园项目的延伸，明德基金会从2014年开始探索幸福乡村建设，在国家级贫困县广西天等县实施“关爱留守儿童，召唤妈妈回家，建设幸福乡村”精准扶贫项目，带动当地的传统文化机构加入幸福乡村建设中，开设道德讲堂，让外出务工的父母认识到教育的重要性，返乡陪伴孩子成长。固锝在大新县和天等县的实践，为广西乃至中国精准扶贫、推动解决留守儿童问题提供了借鉴。

2017 年 4 月 6 日，接受圣托马斯阿奎那大学荣誉博士学位及介绍家文化

为响应国家“一带一路”倡议，并在不同文化下探索“家文化”的实施，固锝 2017 年 3 月在马来西亚收购了一家濒临破产的集成电路生产企业 AIC 公司。人文关怀开始是催生改变的第一步，以人文关怀为抓手，逐步引入幸福企业家文化八大模块，并将人文教育列为公司发展的第一要务，公司在短短的几个月内“旧貌变新颜”，原本杂乱无章、脏乱差的工厂整洁一新，锈迹斑斑的设备重新清洁刷漆，并已实现产量和销售双翻番。AIC 公司没有裁掉一个人，没有引进新技术，唯一改变的就是思想。一位员工给我发来短信说：“感谢吴董对我们这些外族人的关怀，苏州固锝让我们在绝望中看到了彩虹……”

结语

我认为家风的力量和影响力是巨大的，良好的家风不但成就了今天的我，同时通过我也可以给许多人带来幸福和快乐。良好的家风，不仅仅是属于某个家庭的财富，也可以是企业的，是国家的，是世界的，是沉淀在人类文明历史长河中的优秀传统文化。文化是有力量的，就像我们的祖先泰伯留下的贤良、仁慈、智勇，是一代代后人前行的航灯。

第二章　家国情怀，兼济天下

张华口述，余展洪撰稿

张华，深圳宝安人，出生于 1957 年。1985 年创办三和国际集团有限公司任董事长兼 CEO 至今，中国丝印技术领军者，新儒商事业、家风建设推动者，同时还是深圳孔子文化节创始人，担任三和仁爱文化基金会会长、孔圣堂创办人、孔圣书院院长、香港孔教学院副院长、东江纵队研究会名誉会长、深圳市第四届第五届政协委员等社会职务。

我叫张华，父母亲是东江纵队的老干部，我是在部队出生的。我原来名字叫“张小军”，后来改名为“张华”。父母虽已离世，可是二老的音容笑貌、革命家的深厚情怀和精神气质，始终伴随着我、滋养着我、激励着我，对我的成长、成人乃至所取得的些许成就影响深远。

父亲：对党忠诚，刚正不阿

我父亲名字叫张玉，和我母亲都是东江纵队的老战士。父亲的革命品格、革命情怀，对我的影响是很深远的，他言行举止儒雅且有风度，在我印象中是一位儒将。

对党忠诚，坚贞不屈

东江纵队成立初期，华南地区有日本的军队，有国民党的军队，生存环境是非常艰难的。当时在坪山区竹园村，其主要领导进行三天三夜的研讨，研讨是继续留下来，还是东移海陆丰；最后为了保存革命力量，决定东移海陆丰。当时以曾生为代表的抗日游击队，还有东莞的以王作尧为代表的部队，这两支部队东移海陆丰。他们一边转移，一边和国民党、日本人、地方势力周旋，过去曾经浩浩荡荡 800 多人的部队，却遭遇了非常恶劣的生存环境、作战环境，后接到中央指示，只有 108 人的剩余部队重回惠东宝，坚持抗日。

父亲于1940年入党，当年他才16岁。那时他是雪竹径村的党支部书记，同时也是县委的交通员、三大队的情报员。1941年，父亲在东纵地下党做情报工作，在龙华、布吉、宝安一带以卖猪肉为掩护收集情报。后来身份暴露被捕。在水径村被捕后，国民党部队没有抓到想抓的人，第二天带他去坂田马鞍堂村，父亲非常清楚地下党会在天亮前离开村庄，所以父亲以拉肚子等理由故意拖延，给地下党争取了宝贵的逃脱时间，让国民党的抓捕一无所获。最终国民党恼羞成怒，将父亲押到坂田伯公坳，挖好了一个大坑，威胁他将游击队、县委全部说出来，不说就地枪毙。无论经过多少场审讯，他依旧不招。他不说，审讯就不停。当时他才十七岁，在地下党组织的乡绅、乡亲代表和亲舅舅的帮助下，加上国民党没有什么确凿的证据，后来家里卖了一头牛一头猪，打点了国民党的长官，才把父亲放了。

归队后，龙华区委书记杨德元曾说，我父亲身份已经暴露，不能继续做地下党的工作，所以安排他去香港参加港九大队。因为他有过被捕的记录，有国民党奸细的嫌疑，所以当时很多党组织生活都不让他参加。这种情况持续了半年多，那段时间我父亲很是郁闷、痛苦。杨德元得知情况后，亲自证明父亲是个值得信任的同志，后来父亲的党组织生活才得以恢复正常。

东江纵队，中坚力量

港九大队从最初的几十人发展到1000多人，蔡国良大队长带领港九大队部分骨干征战增城、博罗、从化，父亲伴随部队的发展壮大也在快速成长，从班长到排长，再到中队的指导员。

父亲当时担任了一个中队的指导员，1945年8月日本投降，10月10日国共两党签订了《政府与中共代表会谈纪要》，即“双十协定”，当时我们党的部队必须撤离广东，于是东江纵队就北撤到了山东烟台，番号改为“两广纵队”。而我父亲潜伏下来后回到老家，后来想归队但找不到组织，在乡亲们的请求下留在启明小学教书。

随后，我们党在华南地区恢复武装斗争，粤赣湘边纵队成立之前的重要组成部分、当时的护乡团，承担起了恢复武装的使命、重任，当时的政治部主任刘宣找到我父亲，给了我父亲一支短枪、两颗子弹，与曾光一起组建了宝安武工队，后成立三虎队。

当年国民党对共产党部队的围歼战中，三场围歼战最为著名的红花岭战斗，二团被国民党包围，组织命令我父亲所在的三虎队、钢铁连、活虎队为主力的三团去增援，在副团长林文虎与宝安大队大队长李和的带领下，三团从背后攻击国民党部队，二团团长李群芳听到枪声炮声知道三团老虎仔林文虎来了，这一场以少胜多的精彩战斗沉重打击了2000多国民党顽军。

后来部队发展壮大，护乡团升格为东江第一支队，当时的二团、三团和六团八个主力连队组建了独立二营，战斗力非常强大，而我父亲当时担任的是独立营的副政委，政委是叶源，营长是林文虎。这支战斗力强大的部队由司令员蓝造亲自指挥，在海陆丰一带参加了多场著名战斗。

不久，边纵快速发展并成立了独立第一团，东江第一支队的独一营、独二营输送到边纵的独立第一团，我父亲担任独立第一团三营的营长。

解放广东的时候，四野十五兵团、二野四兵团与两广纵队、粤赣湘边纵队兵分三路，其中两广纵队、粤赣湘边纵队组建的南路军从海陆丰、紫金、河源、龙门、博罗、惠州、惠阳、惠东、东莞、宝安一路往南打，解放了整个东江流域全境，部队又接到新的重要任务强渡珠江西岸，并参加解放珠三角全境的战斗。我父亲所在团作为主力部队，其中三营成功解放珠三角三灶岛机场，并缴获了美军一架最先进的B26轰炸机，受到中央军委的嘉奖。

抗美援朝时，我父亲带着1300多人的部队，到达山海关休整准备参加抗美援朝战斗，后来接到命令，要求干部撤回广东，1000多名惠东人民子弟兵补充到其他战斗部队，临别之际依依不舍，离别的场景非常感人。

父亲回来后，曾担任阳春县公安局局长、武装部部长、政委。转业后到了广西。现在回首往事，也是一段非常难得的历练。

1973年，我父亲回家探亲，和家人团聚，见战友。而我在坪山读中学，后来到深圳半工半读的技校学习。1979年初深圳建市，父亲担任了第一届纪委常务副书记、干部政策落实办主任。

革命征程，生死度外

在我记忆中，父亲是慈祥可亲的，他能文能武，既做过政委，也曾担任独立营营长，儒雅之间有刚气。过去我曾问过他一个问题："老爸，你的部队那么牛，打过那么多大仗，你有没有亲手杀过人？"他说，到了独立营之后就没有了。他是一个善良、讲原则、思路很清的人。他经常跟我们说，要抓住主要矛盾，不要眉毛胡子一把抓。父亲充满家国情怀，他有个口头禅："先天下之忧而忧，后天下之乐而乐。"当时我还小，也听不懂，他就和我开了个玩笑，说"你以后要小心呀"，那究竟小心什么呢？我正纳闷着，他就和我讲了一个故事：父亲所在的部队在海陆丰打仗的时候，没有粮食，没有补给。而当地一些有势力的财主有枪、有粮食。他带着六七百人的部队跟这些财主"借枪、借粮食"，借条的落款是"张华"。他笑着说："万一哪一天这些地主或者他们后代找上门来，你自己可要藏好了。"懂事以后我才明白父亲的用意，心中肃然起敬，想必革命征程中的父亲，早已经把自己的生死置之度外。

母亲：酷爱读书，勇敢坚毅

我母亲名字叫刘伟英，母亲在我印象中知书达礼，对革命事业也和父亲一样，有着坚定的信念，是一个有思想、有情怀、有主见的革命家。母亲也是东江纵队的革命前辈，是主力连队的卫生员，后来也做了独立营的卫生组长。

父亲张玉与母亲刘伟英结婚照

热爱学习，机智聪明

母亲年轻时酷爱读书，哪怕战争年代烽火不断，在做卫生员期间，她也坚持读书学习，在游击队里学文化。母亲于 1947 年加入部队成为一名军人，对中国共产党有着执着的热爱和追求，在组织的培养下，母亲于 1948 年光荣地加入了中国共产党，成名一名共产主义战士。行军打仗期间，母亲坚持利用时间自觉学习，有时候熬夜读书。母亲曾告诉我，有时一本厚厚的著作她几天时间就可以读完。1950 年以后，母亲与父亲相识相知，他们因为有着共同的革命理想，有着共同的喜爱读书等良好习惯，于是两人组建了革命家庭。

因为知书达礼，母亲算是一个机智聪明的人。她曾在团里的主力连队——独立中队做卫生员。有一次，她随司令部东上作战，要求白天休息，晚上才行军，这样做是为了不引起敌人注意。可是没有想到，部队虽然深夜行军，进入了惠东县三家村准备稍做休息，当时天还没亮，我们的警卫员就发现部队被国民党的军队包围了。当时粤赣湘边纵队司令员尹林平、东江第一支队司令员蓝造和主要的领导都在这支军队中，形势十分危急。当时我母亲和卫生员、运输员、后勤人员有六七人打算突围出去，结果冲出去一个就死一个。而我母亲却毫不畏惧，她机智巧妙地抱着药箱和行李包作为掩护往外面冲，不畏生死地冲，混乱中还真让她给冲出去了，然后母亲朝着山上位置跑。当时国民党军队并没有放弃追捕，在后面不断用炮火轰炸，我母亲沉着冷静，当一听到国民党军官声音“预备，放”，母亲就立马往低洼的地方跳下去，炮弹恰好在身边炸响不会炸到她，等一轮轰炸停下来后，她就再继续往前跑，就这样，在炮火的追赶中，母亲不停地跑、不停地闪。母亲后来告诉我，她在突围路上还遇到了一位负伤的副指导员，她停留下来，先帮副指导员包扎了伤口，甚至还想背着他走。然而，副指导员为了母亲的安危，果断拿着枪对着我母亲，命令她赶紧撤走，而我母亲视同志如自己的亲人，她对副指导员用枪逼迫自己毫不畏惧，始终没有放弃自己的执念，直到把副指导员背到一个非常隐蔽、非常安全的地方后，她自己才继续向山上突围。后来，母亲到了山上，为了躲避国民党部队的追杀，她在惠东羊母嶂大山里一边避难一边寻找战友，在山上待了整整三天三夜，饿的时候就吃山上一种酸甜的树叶和野果。后来终于和突围到山上的战友零零散散地会合了，当母亲得知副团长肖伦和部分战友在突围中壮烈牺牲了，她悲痛万分。

行军受伤，兄妹拯救

母亲在革命征程中还有一次也是差点儿被国民党捕杀。当年部队因为长期在野外艰苦的环境中行军，她的腿因为包裹不严实，被毒虫叮咬了，后来逐渐恶化，导致整个腿部都发炎溃烂，情况非常严重。然而，因为部队是急行军，有军队制度，就是凡是跟不上速度的士兵都要留下。我母亲却坚持不留下，忍着伤痛，用木棍支撑着身体独自一步一步前行，没走多久，她隐约发现国民党部队在后面快追上来了。母亲正在情急之中，突然就被旁边种田的一男一女两位乡亲一把拉进农田里，把衣服啥的都弄上泥巴，涂得脏兮兮根本看不清是否穿了军服，他们告诉母亲两人是兄妹，特别叮嘱她假装农民就好，不要声张。这么做果然骗过了从后面跟上来的敌军。后来，兄妹两人还搀扶我母亲回到他们家中清理照料，同时告诉母亲村上经常来国民党部队，从安全角度考虑，还是尽快离开为妥。在他们的照料和帮助下，母亲顺利离开了那个村子，走上继续追赶部队的征程！多年以后，母亲每每谈及这段军民鱼水情和两位救命恩人时，依然眼含热泪，内心充满着无限感激之情。

20 世纪 80 年代父母亲合照

新中国成立后，母亲仍然有着为党和人民继续做贡献的初心和使命，并没有以自己曾经经历过战争年代而寻找安逸和追求享受，她担任了武装部助理，兢兢业业常常加班加点。转业后，母亲还曾在地方上的劳动局、粮食局工作，后来也做过卫生院院长，无论在哪个岗位上，母亲总是孜孜不倦地忘我工作。直到20世纪70年代中期才退休，陪我父亲一起回到了深圳。退休后的母亲，会常常和我谈起革命年代英勇的战士们如何为党和国家、人民前仆后继英勇杀敌的革命故事，那执着坚毅、机智乐观的脸上中闪烁着对党和人民热爱的光芒。

家风：和睦家庭，孝悌为本

传统中国，“家国一体”，“家”是缩小的“国”，“国”即放大的“家”。万丈高楼始于基，家风就是一个人和一家人成长的“地基”。像《颜氏家训》《朱子家训》《钱氏家训》等优良家风的教诲，成就的是我们熟知的大家。

建平台立规矩

“幸福之道，常怀感恩之心；和睦家庭，传承孝悌为本。”中国自古以来就非常重视家文化，但是今天的很多家庭家风建设已经丢失，夫妻关系、婆媳关系越来越紧张，登记离婚排起了长队！天伦之乐的和睦家庭似乎越来越渺茫！如何做好家风建设，我提倡搭建家庭成员沟通的重要平台如下：

目的：建立天伦之乐的和睦家庭！

目标：帮助家庭成员的成长、成功、幸福！

规则：秉持不责备、不抱怨、自我反省的原则，家庭成员提出善意的建议，并营造融洽的家庭氛围！

还记得我有一位亲戚，过去她和丈夫过得很痛苦，曾一度坚决想要离婚，因为对我比较信任，于是他们夫妻俩一起来我家，希望当面征求我的意见，我当时意识到这个事情非同小可，于是便马上放下繁忙的工作，回家与他们耐心沟通和分享搭建家庭成员沟通重要平台的意义，也谈了许多夫妻之间要多理解、多体谅、多宽恕的案例。记得当时我的一番话对他们启发很大，直到现在两人都没有再提过离婚，而且相处得越来越融洽。

家训三部曲

常言道，无规矩不成方圆。我也为自己家确立了“家训三部曲”。

第一，事业。一生勤为本，信任值千金。越努力越幸运。如果你得到了组织的信任，你就步步高升；如果你得到了客户的信任，很多商机都是你的，勤奋、诚信是做人做事的根本。

第二，家庭。幸福之道常怀感恩之心，和睦家庭传承孝悌为本。想要得到幸福，就得懂得感恩。不懂得感恩的人容易纠结，觉得亲友、社会对不起他，这样的人是病态的。懂得感恩的人心地善良，可以化解很多矛盾。我们不仅要感恩父母的养育、朋友的帮助，也要感恩这个伟大时代，甚至还要感恩竞争对手，强劲的对手让我们变得强大！人生幸福在于感恩，家庭和睦要懂得孝和悌，父母再不对，你都要孝顺，长兄再不对，都要尊重！这是天道，如果能够遵循，和睦的家庭就是自然也是必然的了。

和睦家庭还有另外一个重要因素，那就是夫妻关系。我们常说，女人是水做的，上善若水——最好的东西像水那么柔，水性至柔而无坚不摧，柔是自然之道，柔是养生之道，柔是治世之道，任何过刚过强都容易折断而不能长久，这是人生修炼的至高境界！

关于夫妻角色的定位，我认为《幸福人生六部曲》讲得非常透彻：男是天，女是地；男为乾，女为坤；男乃阳，女乃阴。夫妻之间具有互补性，《周易》所讲的“自强不息，厚德载物”，自强不息在家庭中讲的就是丈夫；厚德载物，在家庭中讲的就是妻子。把丈夫放在第一位的女人，夫妻才能恩爱，和父母子女的感情才不会出问题。妻子能做到这样，那你不是第一而胜过第一。夫妻各归其位，家庭才能和睦，才能幸福融融。以前我认识一位女老总，她非常认同我的观点，满怀激动地将我的这些观点转给她丈夫分享，没有想到丈夫听完了热泪盈眶。

人生：“儒家信仰”——以儒家思想代表的优秀传统文化为人生的指路明灯。谈到儒家文化，似乎人人都认同，但是单单纯认同是远远不够的，所以我们提倡“儒家信仰”——以儒家思想代表的优秀传统文化为人生的指路明灯！这就是文化力，有信仰的人不会做坏事，信仰给我们带来人生智慧，带来成功，带来幸福！心中有信仰，让我们的内心变得更加强大，不管碰到多大的困难和挫折，我们都会勇敢地向前走，走向成功，走向幸福！

观照：家人心中的我

家从来不是一言堂的地方，这些年来，我身上流淌着革命父母的血液，思想上深受儒家文化和中国革命文化的熏陶，让我在大是大非问题上旗帜鲜明，也让我对家风建设的理解尤其深刻，对家人的关爱更加真诚付出，始终是朴实无华、润物无声，大家可能会好奇家人心中的我到底是一个怎样的人，大家可以从我妻子陈伟娴、儿子张耀天的口中有所了解。

正直与坦诚，妻子心中的丈夫

张先生是一个很正直，对人很坦诚的人。他从来没有给我一种高高在上的感觉，而是非常容易相处。他不仅在公司弘扬诚信经营，而且在做人做事方面也坚持“一生勤为本，万代诚作基”。他为人光明磊落，事无不可对人言，尤其是对别人有帮助的内容更喜欢跟别人分享，很坦诚地表达自己的观点。这些作为物欲横流的现代人来说，非常难能可贵。在我心中，他不仅是一位成功的企业家，更是一位好父亲，好先生。其实我们之间的年龄差距是很大的，但我愿意与他在一起，正是因为我在接触他、了解他的过程中能够感受到这份千金不换的坦诚和真挚。我们之间的沟通没有年龄的鸿沟，例如，当我有些事情没有处理好造成困扰的时候，他会与我坐下来喝喝茶，探讨下次怎么才能做得更好。这份尊重，我觉得在夫妻之间、家庭之间是非常重要的，因为家庭融洽的感情和氛围正是建立在互相尊重的前提下。其次，他对我家人也非常关心。过年过节，有时候因家里忙起来我经常忘记和娘家打电话，忘记买礼物关心爸妈，张先生就会及时提醒我，甚至会替我去做这个事情，很细心、很温暖。生活中即使遇到不愉快，他也从来不以说教的方式训斥我，而是坦诚、耐心地和我沟通，动之以情晓之以理，非常儒雅。平常生活中，张先生虽然很忙，但是只要忙完就会第一时间回家，他在家的时候会请秘书帮忙协调好公司的工作，从而让自己能做到兼顾家庭和事业，享受和家人共度天伦，看着他充满爱心和耐心地陪伴在孩子和我身旁的样子，是我最幸福的时候。

再次，他对弘扬传统文化有着深厚的情怀，事实上也做得非常好。我们闲聊时候会调侃：你现在不需要这样拼搏，可以好好享受休闲生活了。而他不以为然，觉得在自己还有能力的时候，就要去做有价值的事情。比如弘扬儒家文化，他是发自内心的热爱和弘扬儒家文化，也从自己的一言一行践行，把传统文化融入了家风建设，融入企业文化建设中。他的热情、专注、深度、温度，是我深感敬佩的。曾记得有好几年的父亲节、母亲节，我忙着带孩子没有意识到，是他提醒我打个电话或寄点心意回家以感恩父母，每次看到他对我的用心提醒，我都非常惭愧。他特别尊重我的父母，因彼此文化层次存在差异，当我父母来家里时，他是发自内心把我的父母作为他的父母去尊重和沟通，做到言行一致，他本身就是一个好榜样。在孩子面前，他对老人很尊重，对小孩很爱护，这些大家都看在眼里，并不需要你怎么去说教，这应该就是言传不如身教了。

张先生对待家里阿姨（保姆）也是尊重和爱护有加，从来都是宽以待下，例如，他每天早上五点半起床，但是家里的阿姨六点多才起来做早餐，有时候阿姨自己都觉得不好意思，因为老板起得比自己还早。但是张先生总是充满包容和自律，虽然自己起得最早，但不会去说那些阿姨，反而还担心自己会影响到别人。

他对自己要求很高，严于律己却宽以待人。在我心中，他是一个从重视、担当再到身体力行承担传统文化复兴，充满了对国家、社会、家庭和企业的爱与传承的人，即使周末，他一般还会去上班，去参与培训等，或和志同道合的儒门朋友交流，参加相关的论坛、聚会等，充满着对传统文化的热爱，充满着一个现代企业家的情怀和担当，让我深受触动，钦佩不已。

使命与坚忍 儿子心中的父亲

父亲在我心中，有两点深刻印象。第一点是使命感。我父亲对中华优秀传统文化有着执着的使命感，同时对红色文化也有着执着的使命感。在我印象中，十多年来他一直都在传播和弘扬着优秀传统文化和红色文化。前段时间他把爷爷在抗日战争、解放战争时期的热血经历写了一本名为《虎啸东江》的书，目前已经通过人民日报出版社出版了。我认为，一个人要做到如此有使命感是难能可贵的。他能用儒家文化、红色文化把家风建设和企风建设得当地融合一起，不仅让我们家人甚为感动，也让他企业的每位员工深得其益。例如，父亲公司每月都举行员工大会，我在读书之余，如果有时间也会过去观摩学习，我看到他有时会做大会最后的儒商企业文化经典培训，他诲人不倦地给各位老总和员工谈他对儒家文化的看法和评述。因为父亲的谈吐接地气，大家基本上都能理解他所说的内容，潜移默化中，大家对儒家文化也有了更好的认知和尊崇，并不知不觉地、自知自觉地用于实践中。

我对父亲印象深刻的第二点是他坚韧不拔的品质。父亲曾经有一段去香港打工的坎坷经历。那时候，他在香港三百六十行干了一半，吃苦耐劳的精神令我们年青一代来说尤为敬佩。记得曾听他说，在香港，一开始生活艰苦，难以维持，于是他干脆破釜沉舟，下定决心自己做老板，这才有了今天的成功。还有一件事也让我非常敬佩父亲。创业第二年，父亲单枪匹马去国外寻找供应商，没有人陪同，没有找翻译，独自一人到了语言不通的异国他乡。住宿打车全靠秘书提前翻译准备好的小字条。当年父亲一个人敢闯天下的那种拼劲，让我很佩服。虽然我也是十几岁就去了英国读书，但我想那是截然不同的。因为我非常幸福，各方面都能得到照顾，而父亲的这份坚韧不拔的精神，一直激励着他不畏艰辛，打拼到现在，也一直激励着我。

企风：弘扬家文化的儒商实践

三和国际作为中国高新电子材料方案商，从 1985 年发展至今几经风雨坎坷，探索出一条儒商之路：以儒家文化形成的共同信仰和价值观，上下同欲、万众一心、铸就儒商之魂。

儒商信仰，家国情怀

我们用了30多年时间，搭建了牢固的基础建设、合理的框架结构和科学的顶层设计，给了企业内部家人身安心安的事业平台。最近几年集团启动了股权激励改革，让员工持股，真正形成了利益共同体、命运共同体的事业共享平台，公司的成功依赖制度，更要归功于儒家文化。过去公司的管理层，80%都谈不上信任，通过儒家思想、儒家文化、儒家信仰的推动和弘扬，现在绝大部分都是可信赖的，这些都依赖儒家文化在企业的落地实践。

首先是建立信仰，我们企业内部有一个三和家族事业委员会，每逢农历初一和十五都在集团孔圣堂给孔圣人上香行告拜礼，由员工代表分享，管理层代表总结，帮助员工建立信仰，做到典祀有常。

其次，通过践行“五个一建设”工程实现文以化人，文以化企：

立一个志：成人之志；

日读一经：文化经典；

日改一过：吾日三省吾身；

日行一孝：孝顺父母、尊敬师长；

日积一善：说好话、做好事。

公司在每个周一的早上会召开集团大晨会，通过大晨会文化抽查背诵和分享，以点带面，让全体三和家人都对文化、信仰升起敬畏之心。逐渐，三和每一位家人深刻领会“天行健，君子当自强不息；地势坤，君子以厚德载物”的初衷和新时代释义。我们要求三和家人立志成为君子，领导干部要率先做出榜样。全体员工都以君子为目标，日读一经，其中包括诵读《文化圣典》，旨在让大家都能在学习和践行优秀传统文化的氛围下把自己锻造成为君子。其中部分同事觉悟较高，他们还想成为更高标准的贤人。现在每周的文化背诵和五个一分享成为常态，受到全体员工的高度认同和持续践行。循环往复，让儒商文化帮助每一位三和家人的成长、成功和幸福！

同时，每个月的员工大会都会有“儒商企业文化经典”授课环节，让员工不断受益，让儒家文化在现代企业经营管理中发挥重要的价值意义。

做好了自己，如何影响他人，让企业成为儒商企业，儒家代表人物、商圣子贡为当今企业家们树立了标杆，他追随孔子，被孔子视为得意门生，经商从政，无一不精，誉为“瑚琏之器”，为弘道事业做出了重大贡献！堪称儒商鼻祖。我们提出儒商标准：

儒商是有较高的人格修养和人生智慧；

儒商是有坚定的儒家信仰和神圣使命；

儒商是有良好的个人口碑和社会贡献。

为经济发展、科技进步、社会和谐的家国天下奋斗一生！

无论是三和国际儒商文化的成功探索实践，还是儒商标准的提出，这其中蕴含着我对儒家文化的新时代传承和行动上的诠释，是我们企业家应该具备的使命担当，应该践行的社会责任，应当背负的家国情怀。

创办孔子文化节，慈善献爱心

个别人因信仰的缺失所带来的个人问题、家庭问题、企业问题、社会问题已经成为顽疾，仅仅靠法律是很难根治的，我认为解决问题的根源在于建立信仰。而儒家文化是一种信仰，有信仰的人不会做坏事，有信仰能给我们带来成功，能给我们带来幸福。所以我们从儒家思想、儒家文化、儒家信仰逐步深入。因此，2013 年，我捐赠 1000 万元善款成立了深圳市三和仁爱文化基金会，至今已经持续支持并成功举办了 12 届深圳孔子文化节和 13 届祭孔大典。十几年里累计捐赠了 5000 多万元善款，在河源万绿湖畔建立了儒家现代化道场和书院，为南京职业信息技术学院、深圳大学文学院、河源锡场三和国际希望小学等提供捐赠。2021 年，三和在十余载公益探索沉淀后正式推出弘道“1+2”模式，即一个品牌活动，深圳孔子文化节；两个落地项目，儒商论道和家风建设。希望通过祭孔大典、大湾区新儒商论坛、儒家智慧鹏城讲坛、儒商论道、家风讲坛等系列活动的举办，真正实现中华民族的文化自信、文化自觉与文化担当，实现中华民族的伟大复兴。德不孤，必有邻。我始终与各位同道和社会贤达共同携手为经济发展、科技进步、社会和谐的家国天下而一起努力，共同奋斗！我以为，儒商是一种使命和担当，不仅对企业，而且对社会的贡献很大，达则兼济天下，这就是儒商。

结语

出生于革命家庭的我，从小耳濡目染传承了父母亲忠诚刚毅、浩气凛然的红色基因，对国家、民族的热爱、使命与担当，已深深地流淌在我的生命血脉里。我热爱儒家文化，满载家国情怀，勉励自己达则兼济天下，崇尚“幸福之道，常怀感恩之心；和睦家庭，传承孝悌为本”。

第三章　传承曾氏家风，践悟“生机”哲学

曾庆宁口述，李骥撰稿

曾庆宁，出生于广州，老家梅州兴宁，客家人，儒家宗圣曾子75代裔孙。曾子三鼎家学、儒门心法传人、“修身型组织”理论创立者，三鼎修身书院山长。

我理解的家风，是一个家族的精神财富和信仰，它是一种无形的存在，不是像一栋房子或者财富的传承，这些都是有形的，而这种精神财富和信仰是无形的，表现成一种东西叫作“生机”，如果家风不以“生机”的形式存在，后来者就无法对其进行传承，也无所谓家风。家风看上去是一些规矩和条条框框，但就是在这些条条框框中维系了一个家族的“生机”。

缘起：寻根问祖

我姓曾，是曾子的第 75 代裔孙，在广州出生，老家在梅州兴宁，客家人。我成长在一个比较大的家族里面，我老家整个村落都姓曾，都有血缘关系，这个村的名字就是我曾祖父的名字。生活在这样一个大家族里自然要受到传统文化的熏陶，从小就打下大家族和儒家的烙印。但是这个烙印在我年幼的时候并不是很清晰，是一种懵懵懂懂的状态。我的曾祖父有五个儿子，我爷爷排行老三，我爷爷有七个儿子，我父亲排行老三，我父亲有三个儿子，我排行老三。小时候父亲、母亲带我去拜年，我就感觉这个大家庭里与其他家庭有点儿不一样，特别讲礼貌，讲秩序。比如到我大伯家拜年，大哥先进门，摆好自己的鞋子，然后是二哥，最后才是我，这就是秩序。我当时并不知道这与儒家文化有关，只感觉这是大家庭的一种规矩而已。我是在广州出生长大的，母语是粤语，父母说的是客家话，我可以听懂客家话，但是不会说，父母认为这不行，时间长了就会忘记祖宗，于是在小学五年级的时候让我一个人回老家，在老家过春节。那年的大年初一，我看见祠堂门上有一副对联，写着“春回东亚，派衍南丰”。我看了以后就问“派衍南丰”是什么意思？周围的人都不知道，最后问到家族里的一位前辈，他说：“我们这一支曾氏，来自江西南丰。”我听了很新奇：“南丰？我们不是在兴宁吗？”他说：“不是，我们的老祖宗是从江西南丰过来的。”小孩喜欢刨根问底：“那南丰的老祖宗是从哪里来的？”前辈说：“是江西庐陵，再往前就是山东南武。”我觉得奇怪：“您是怎么知道的？”前辈说：“我们有族谱。”我说：“我能看吗？”前辈就从柜子里面拿出一本旧书让我看。我沿着他的指示看过去，一直看到开派祖，上面写着“参公”。前辈对我说：“你是宗圣曾子的第75代裔孙，你不能忘本啊。”前辈这句话让我心里一震，感觉从天边有一条线从头顶进来，一瞬间感觉身体变得厚重了，我脱口说道：“这个我能抄吗？”前辈稍顿了一下，点头说可以。在余下的寒假里我就一直在抄族谱。后来前辈说：“你这是孺子可教。”从此以后就慢慢给我讲一些东西，抄一些东西，还要背一些东西，这些东西与曾氏家族有关，与《大学》有关。如果说“生机”的展现是一棵勃勃生长的大树，那此时曾氏的家风，就如同一粒种子在我幼小的心灵里扎下了根，并在我未来的人生中不断地成长。

梅州兴宁老家的围龙屋

承继：严父智慧

我的父亲现已故去，在我独处和遇到挫折、挑战的时候，会回忆起父亲说过的话，做过的事儿，慢慢品味会明白父亲的真正用意，他将他理解、坚持的“生机”，以他的方式融入家庭的传承中。

慎独正直，两袖清风

慎独，是我家族传承中非常重要的一个观念，这是儒家修身思想的重要内容。《大学》里讲君子要诚意慎独，要求在没有人看到的情况下，做事情要对得起自己的良知，要对得起自己的祖先。当年父亲的主要工作是负责审批和调配车皮，当时南方的海运往北方走，要转成火车运输，这个由海运到陆运的转换就由父亲负责,后来我才意识到这个位置的重要性,它是一个很有“油水”的位置。曾家祖训有十六个字：“孝悌忠信，礼义廉耻，三省诚身，道传一贯。”父亲坚守祖训，廉洁一生，别人给他的礼物都不会收受。记得有一次过年，有一个人来到我家，跟我父亲聊天，并带来了一台彩电，当时这种彩电比较稀罕，但父亲表情严肃地拒绝了，我很少见父亲生那么大的气。父亲时常说：“举头三尺有神明，不畏人知畏己知。”父亲的知止和定力深深地影响了我们，在后来的人生中，我们都不贪图别人的东西，对贪污腐败深恶痛绝，原因就来自父亲的言传身教，坚守问心无愧的做人原则。

尊师重道，为尊者隐

我小时候比较调皮，也比较诚实。记得小学时候，大家不喜欢学校里的一位老师，因为她喜欢骂人。有一天，我们几个同学把几块玻璃碎片放在老师坐的凳子下面，老师来上课一拉凳子，砰砰几下把她吓了一跳，我们暗自偷笑，老师很生气：“谁干的？站起来！”大家默不作声，我们小时候就懂“攻守同盟”。老师一看硬的不行，就换一招软的，温柔地说：“我知道你们贪玩儿，没关系，谁都有贪玩儿的时候，承认错误就是好孩子，老师不会责怪的。”

于是我就举手，老师一看脸一板：“出去！”那一堂课我就被罚站了。站在课室外面，我心里很委屈，那帮没举手的“损友”却在一边偷着乐。回家后跟父亲坦白：“这事首先是我不对，但老师也做得不对，她说话不算数。您不是说过曾子杀猪的故事，要我们做人要诚实吗？老祖宗为了‘诚’连猪都杀了，为什么我认错了老师还要罚我？是老祖宗错了还是老师错了？”父亲没有马上回答，过了一会儿说：“那个老师可能不知道曾子杀猪的故事。”听了这话，我当时就释然了，原来老师不知道这个故事，那就算了吧。后来我明白，《论语》有“父为子隐，子为父隐”的说法，父亲的做法是“父为师隐”。父亲认为事情的对错还在其次，重要的是不能让我在内心里藐视老师，不能破坏尊师重道的传统，否则孩子就会不知止、不懂敬畏。

严于律己，以己率众

父亲严于律己，在日常生活中表现出很强的自律性，典型表现是早起，无论刮风下雨，逢年过节，都会在早上五点半左右起床，从不睡懒觉，起来以后就开始上闹钟，洒扫地面，整顿家务。这个早起的习惯影响了我们，大哥是早上五点钟起床，二哥是五点半起床，我是六点起床。父亲认为早起的人才能够勤奋，才能够把握好一天的生活，进而去把握自己的人生。《论语》说“己欲立而立人，己欲达而达人”，父亲自己先做到，然后去引领孩子，他是遵循了家学“以心驭身，以己率众”的精神。

重视规则，有始有终

小时候我会向父母要求买一些航海模型或航空模型，一般情况下父亲都会满足，但他会提条件：买模型可以，但必须做出一个结果，不能半途而废。那时候的航海模型比较土，动力是一根橡皮筋，搅成一团然后一放，螺旋桨就会嘟嘟地转起来，放在水里就会滑行，当看到我做的模型还能动起来的时候，父亲才会比较满意。父亲不要求做事尽善尽美，但禁止半途而废的行为，目的是要我们形成有始有终的习惯。家里有书，我也喜欢买书，父亲对看书的要求是书从哪里拿，就要放回哪里去，他不喜欢随手摆放书籍，不喜欢倒放书籍，认为是对作者的不敬。父亲是通过这些生活细节让我们懂得秩序和规则，懂得做事要有始有终。

从右至左：父亲、母亲、本人、大哥和二哥

传扬：慈母美德

母亲是一位典型的客家女性，客家女性在中国传统女性当中属于比较典型的一类。旧时代很多地方的妇女有裹小脚的风俗，但是客家女性没有这种习惯，这是由客家女性的生活状态决定的。客家女性要进得厨房，出得厅堂，还要下地干活儿，所以客家女性不裹小脚，而且刻苦耐劳。母亲出生的时候家庭比较富裕，但母亲没有娇生惯养的毛病。

吃苦耐劳，勇担责任

新中国成立后，母亲较早来到广州，到工厂上班，有很长一段时间，她所在的单位实行“三班倒”工作制，她一个星期上早班，一个星期上中班，一个星期上晚班，周而复始。很多人对此不适应，母亲却在这样的岗位上干了十几年。母亲当时是部门领导，管着生产线几十号工人，我们认为母亲有点儿愣，经常劝她调换一下岗位，不要太辛苦了。母亲说：“工作总要有人去做的，我已经适应了，就不必去换岗位了。”这就是客家女性常见的品德，任劳任怨，勇于承担。

性情中和，和谐家庭

母亲对情绪的把握比一般人强，很少表现出情绪失控的样子。过去老人说，看一个家庭的风水，就看这家女主人的情绪和性格，一个好女人能影响三代人，丈夫、儿女和孙子。小时候我们调皮，经常做错事给人投诉，母亲总是以一种平和的心态来处理，既不偏袒也不委屈孩子。母亲还有一个做法给我留下很深的印象，就是大人争执时会回避孩子，要不就是等我们不在家时，要不就是关起门来小声说话。有好几次，我一回到家就感觉气氛不对，问母亲发生什么事了？母亲表现得若无其事，她不会把情绪迁移到孩子身上，而且能很快平复情绪，该干吗还干吗。现在看来母亲的做法很有儒家风范，孔子在《论语》称赞颜回“不迁怒，不贰过”，母亲就是一个“不迁怒”的人。

包容豁达，不计得失

母亲比较豁达包容，退休后到菜市场买菜，由于地滑，不慎跌倒，结果手骨折断，有人提议去找管理方论理，母亲不认同。后来到医院治疗做手术，复查时发现骨头接得不好，有明显的错位，医生建议把骨头断开重做手术，家人既气愤又心疼，气愤的是医院治疗太过马虎，心疼的是母亲这么大年龄还要吃苦。母亲却说：“这次就不再麻烦人家医院了，我自己把手捏回去。”于是母亲有空就自己捏骨头，过了一段时间把骨头基本上捏回去了，家人见状无不叹服。记得早年还有一次，母亲在三班倒工作期间，有一次晕倒在工作岗位上，送到医院检查，医生说母亲身上有肿瘤，需要进行手术。没想到手术很快就结束了，医生说没有肿瘤，是一场误判。母亲白白挨了一刀，当时大家要跟医院讨个说法，母亲说："算了，没事就是最好的，医生每天面对这么多病人，误判一下也是情理之中。"没过多长时间母亲就上班去了。大嫂说："如果天下的老人有一半像母亲这样豁达坚强就好了。"

格物安身，教子有方

曾子家学有一个修身体系，叫作"人生五修"，五修之中的第一修是"小儿修安"，母亲很注重这个"小儿修安"。小儿怎么去修安？一种方法是"格物安身"，让孩子做力所能及的劳动，建立起人和外物的初步联系，达到安详和安全的目的。记得小时候我学习扫地、洗袜子，扫帚的把杆比我的身体还高，有一次我扫完地后出门去玩，发现忘带玩具就返回去拿，一进门发现母亲在扫地，心里有点儿奇怪。后来我明白，其实我扫地不干净，母亲再扫一遍。她不在乎地是否干净，而在乎孩子会不会动手，会不会跟物件打交道，跟环境打交道。修安的另一种方法是"以礼安人"，母亲经常带着我走亲戚，走亲戚的"礼"非常考验人，到了亲戚家要主动称呼长辈，她是姑妈还是舅妈还是姨妈，不能叫错，一叫错就是失礼，叫对了大家就会夸奖这孩子真聪明，这是从小去体验各种人际关系，并从中获得良好的信息，以避免小孩孤陋寡闻或性格孤僻。在这样的生活中，孩子会逐渐与周围的人、事、物联系起来，这就是一种"格物致知"，知道什么该做，什么不该做，进而知道怎么去做，慢慢孩子就变得"安"。

知恩图报，厚重悠长

父亲在20世纪50年代就到广州工作了，母亲留在老家生孩子，那个时候社会环境变化大，家族也刚分家，母亲一时缺乏人照顾，这时候有一位堂婶主动来家里照顾母亲，母亲对此一直记在心里，到广州工作后，逢年过节都会寄钱给堂婶。后来母亲就把这件事告诉我们："这个亲戚当年在你母亲最困难的时候伸出援手，你们要记住这件事情，要知恩图报。"后来堂婶走了，母亲就把钱寄给他儿子，近年我们回老家祭祖，母亲吩咐要把钱送到她的儿子手上。其实，他的儿子不清楚这件事情的来由，但母亲始终认为滴水之恩，应当涌泉相报。

规律生活，锤炼性格

母亲也是一个强调生活要有规律性的人，她与父亲相比更注重一些细节，比如叠被子，我小时候最不愿意叠被子，母亲不会强迫我，但也不会轻易放弃原则，她会温柔地坚持，那叫“年年讲，月月讲，天天讲”。有一次，我跟母亲狡辩：“既然每天晚上睡觉还会把被子搞乱，为什么不让被子一直乱下去呢？”母亲回答：“既然每天吃完饭后还会饿,为什么不让肚子一直饿下去呢？”我一时无语，母亲又来了一句：“生活就是重复。”从那以后我感觉母亲的话是有道理的，另外我不忍心母亲帮我叠被子，因为她已经够劳累的了，于是就开始叠被子，先是给自己叠，后来看谁没有叠被子就顺手给叠了。再后来我理解了母亲的意思：社会要有秩序，生活要有规律，当下事，当下毕，今天能做的事就不要拖到明天。另外，母亲也不主张把明天的事提前做，认真做好当天的事就行。比如写日记、做功课，完成当天的那部分就可以。现在有很多孩子在做假期功课时，不是拖拉就是提前，这在母亲看来是不合适的，因为长此以往会形成一种不脚踏实地的生活态度，母亲认为人不能活在过去，也不应活在未来，只能活在当下。

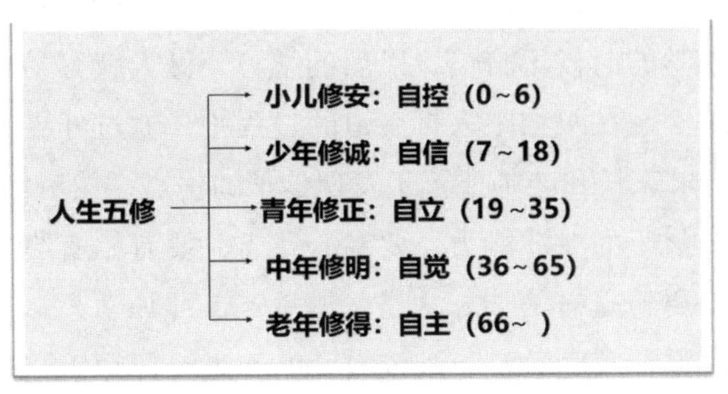

人生五修简图

延伸：人生五修

人生五修是曾子家学特有的修身方法之一，它把人生分为五个阶段来修身，分别为小儿修安，少年修诚，青年修正，中年修明，老年修得。人生五修源自《大学》，强调修身要与时偕行，根据人生的不同阶段或人群的不同年龄而有所侧重，使之各居其位，各得其安。前面已经谈到母亲对“小儿修安”的具体做法，下面谈一下其他四修的基本要点，其他四修与父母的言传身教相关，更多的是来自家族前辈的系统传授。

少年修诚，保存赤心

少年是指7到18岁的年龄。《三字经》开篇就说：“人之初，性本善。性相近，习相远。”古人认为，如果孩子变得不善了，那是受了环境的影响。因此在少年时期一方面要让孩子学习新知识，另一方面要防止孩子的心灵受到污染，就是要保持孩子的“赤子之心”，因此要修诚。前面举过父亲“为尊者隐举”的例子，如果当时父亲没有处理好，我就可能在那个老师的影响下学会撒谎。另外，如果父亲对我的捣乱严加惩罚，也可能导致我为了逃避惩罚而撒谎。当时父亲的做法是：首先要诚实交代，然后要认识到错误，最后表态要改正，就不惩罚。所以少年修诚要注意这一点，孩子错了要指出来，可以给一些压力，但这个压力要有一个限度，不能让他为了逃避压力而说谎。一旦孩子不诚实了，后面的事情就比较麻烦。通过修诚要达到什么目的呢？要建立自信，如果孩子到读小学的时候不自信，以后的学习、做人就容易出问题。自信是怎样建立起来的？是在跟物跟人打交道的过程中，通过外界的反馈逐步建立起来的，这就要求家长和老师要善于发现孩子的优点，然后给予鼓励和肯定。另外，需要培养孩子的专注能力，要专心致志，要有始有终。总而言之，少年修诚的目的是要建立自信，方法是父母垂范，拜师学艺、唯精唯一等。其中拜师学艺可以弥补家庭教育与学校教育的不足，拜师学艺的重点不在于学艺，而在于学做人。

青年修正，理直气壮

青年是18到35岁。修诚以后是修正，《周易》蒙卦说：“蒙以养正，圣功也。”一般的解释是对小孩子要进行正确的教育，这个说法不够到位，“蒙以养正”的实质是要培养良好的品行，包括性格、习惯和志向。到了青年阶段这个要求就更加突出，所以青年要修正。前面说的小儿修安对应的是物，是在跟物打交道的过程中修安；少年修诚对应的是人，这个人包括家人、同学和老师，是在跟固定人群打交道的过程中修诚；接下来的青年修正是面对社会，是跟不同的人群打交道，环境要比以前复杂，外面的世界很精彩也很无奈，容易被各种东西诱惑，因此要修正。修正的内容一要正心，二要正气，就是要培养孟子所说的“浩然之气”。正心需要立志，要立好的志向、大的志向，有了志向就会选择适合自己的路子。青年人刚进入社会的时候诱惑很多，五花八门的东西都有，要达到一个目标可以选择很多路径，这个时候路子一定要正，宁愿脚踏实地走远一些也不要抄近道，近道容易通到邪道上去。如果青年时期路子走得正，不贪快求多，虽然用的时间比别人长，但到中晚年的时候就不会有问题，就能够善终。否则到了中晚年会感到吃力和后悔。按照以前的说法，青年才俊要走“大学之道”，要“明明德”“亲民”“止于至善”，使自己成为利己、利人、利社会的君子。《论语》记载孔子“十有五而志于学”，就是立志要学“修己以安人”的大学问，这就是立志。修正的另一个内容是培养正气，立大志本身就有利于培养“浩然之气”，除此之外，还需要注意行为端正，用行为、形体的端正来正心和养气。以前家族里有一个人，走路的时候很特别，总是一本正经，在家里如此，走出去也是如此，走路的时候从来不东张西望，也不怕别人笑话。我父亲不是军人，搞不清楚他为什么这样走路，后来才知道他是修身的，炼的是心身相合，因为精神老要注意形体，因此走起路来就显得一板一眼。其实孩子从小就应该注意形体端正，因为形气神是一个整体，形体不正就会导致气不正，气不正就会导致心不正。所以传统蒙学经典都有这方面的内容，比如《弟子规》要求：“步从容，立端正，揖深圆，拜恭敬。勿践阈，勿跛倚，勿箕踞，勿摇髀。”看上去有点儿烦琐，其实是有必要的，因为除了礼貌上的需要之外，它还有以形引气，以形正心的作用。如果小时候就养成行为端庄的习惯，到了青年时期对修正就会很有帮助。修正的结果是什么呢？是自立，就如孔子所说的那样："三十而立。"总而言之，青年修正的目的是自立，方法有吃苦耐劳、培养正气、成家立业等。其中成家生孩子很重要，否则人生的路子就会变得偏僻。

中年修明，光明磊落

中年是指 37 到 65 岁。什么叫中年修明？《大学》开篇就提出要"明明德"，明有明白、清明、不疑惑的意思。修明一是要从事理上明，二是要从内心上明。人到中年，家庭有了，社会阅历也丰富了，会看到很多不如意的现象，比如看到有的人投机取巧却能够买车买房子，而有的人刻苦耐劳，却要天天挤公交，心里会郁闷，会有很多想法，容易产生情绪。这个时候需要从事理上去明，要明了一个人当下的处境，不仅跟他过去的作为有关，还跟他的家庭背景，所处的地域和时代有关，要把时间和空间的因素加在一块，从一个大的背景来考虑自己的处境，这样就比较客观，也容易找到突破困境的方向。又比如看中国的社会现状，需要从纵横两个角度来看待，纵的角度需要了解历史，知道中国的现状是几千年历史延续的结果；横的角度是看近一百年来的国际环境，知道中国的现状是国内外因素交叉融合的结果。如果能够从纵横两个角度来看问题，就接近于中，看问题就不容易偏激，不容易执着。这是一个层次的明，从事理上修明。另一个层次的明是从意识上去修，这个明是要明了自己意识活动的本源在哪里，为什么自己会产生这个想法。这是一个更为深入的层次，是真正透过现象看本质。这就要求遇到问题的时候意识不要老往外跑，要反求诸己，通过自我反省回到意识活动的原点，去观察把握自己的意识活动，从而获得新的认知、新的自由。修明面对的是自身和历史，就像《旧唐书》所说的那样："以铜为镜，可以正衣冠；以史为镜，可以知兴替；以人为镜，可以知得失。"因此修明的结果是要达到自明，明了自身的处境，明了自己的使命，明了自己存在的意义。明了以后就不会杞人忧天，就不会怨天尤人，就如孔子所说的那样："四十而不惑，五十而知天命。"修明的方法有读历史书、交不同领域的朋友、修形养气等。

老年修得，怡然自在

老年指65岁以后。老年修得，简单来说是要变外得为内得，变旧得为新得，变有形之得为无形之得。人到晚年的时候，社会身份变了，生命活动能力也下降了，需要主动放下外在的、旧的、有形的东西，比如名利、地位、恩怨等等，要重新建立起自己的兴趣爱好，这些兴趣爱好与利益无关，与名气无关，使自己的生活变得轻松，精神变得自如，以求看破得失，看破生死，从而达到孔子所说的“六十而耳顺，七十而从心所欲，不逾矩”。简单来说，晚年要面对的是得失和生死的问题，修得是为了自主，最终目的是自主生死。方法有重建兴趣、以失为得、修身养性等。最后总结一下，人生五修的意义就在于提高一个人的生命状态或者说生机，把一个自然的、带有盲目性的人，逐步变为自控、自觉、自明的人，而且在有效控制自身生命活动和精神活动的基础上，使自身与环境融为一体，进而影响和改变环境，体现出生命更大的价值，使自己从小人变为大人。

我家的孩子

发展：家风传承

在教育子女方面，我自己是这样做的。

循循善诱，巧用家学

我家的孩子比较小，我会通过讲故事和编故事的形式把家学、家风融会贯通，让孩子受到熏陶、学习思考。我不大喜欢讲西方童话故事，会讲讲老祖宗的故事，让孩子熟悉家族和民族的重要人物，慢慢对自己的文化产生认同感。讲老祖宗的故事容易激发孩子的自豪感,从而产生“我要做”积极效果。如果纠正孩子的一些行为，我会尝试结合家学家风，以祖先为主线编一些故事对孩子进行引导，说之前老祖宗有一个儿子和你犯了同样的毛病，最后在老祖宗的教导下改掉了，然后问孩子：“你也是老祖宗的子孙，你要不要改掉这个毛病呢？”孩子就会说：“我要改正这个毛病，因为我是老祖宗的后代。”这样就起到事半功倍的效果。

学习经典，文法三注

以前跟家族前辈学习儒家经典《大学》，前辈会用“三重门法”，内含文法、行法和心法，文法分五个步骤：读、写、注、背、习。其中第三步“注”重在理解，又分自注、他注、再注三层。当初我学习《大学》第一段经文：“大学之道，在明明德，在亲民，在止于至善。”读完之后，前辈问：“这段话是什么意思？”当时我还是小学生，就回答“不知道。”前辈说：“你猜一下？”我想也不想就回答：“我猜不出来，你告诉我吧。”但前辈不告诉答案，而是通过各种方式去诱导我去思考，直到我有自己的想法，这个过程就叫“自注”。“自注”不在于答案的对错，而在于心动，心动者主动，主动才会有心法，才有利于形成创造性思维。当我说出自己的想法之后，前辈就会提起一些历史人物，说这个问题宋代朱子是这么说的，明代王阳明是这么说的，这个过程就叫“他注”,让孩子知道别人是怎么理解的。然后问：“你喜欢哪种说法？”“为什么喜欢这个不喜欢那个？”这又是一次思考过程,最后又回到原来那段经文，问“在知道别人看法后有没有新的想法？”这个过程就叫“再注”。这是一种循循善诱的学习方法,是一种既增加自信又避免盲目的学习方法。我用这种“三注法”回应孩子的提问，发现孩子的思维很快就打开了，经常会蹦出一些大人没想到的答案，慢慢地孩子们就乐于思考，不落俗套。

少年时期，增加厚度

现在的家长会发现，一旦孩子进入青春期就很难听从家长的教导，孩子自身也容易变得躁动无助。从曾子家学的角度来看，这与孩子缺乏生命厚度有关，就是缺乏与祖先的有效连接。如何重新建立起与祖先、家族的连接呢？首先要疏通与父母、祖辈的连接，然后让孩子了解家族历史，参加家族聚会、每年回老家祭祖等活动，这样有利于孩子传承祖德，增加自身的生命厚度，提升生机。按照家学的观点，人的生命有五度生机：厚度、高度、深度、广度和长度，厚度需要强化与祖先的连接，高度需要强化与圣贤的连接，深度需要强化与内心的连接，广度需要强化与环境的连接，长度需要强化与身体的连接。现在学校的教育重在知识传授，重在强化生命广度，因此需要加强其余四度的教育，尤其是强化生命厚度，这一点需要家长用心。当一个孩子有了生命厚度之后，就不会那么容易放弃，孩子受到挫折后会多一份内心支撑，这种支撑来源于祖宗的庇佑，来源于家人的关爱，这是融汇在血液里的东西，一旦把它挖掘出来，就会让人变得更加自信，更有生机，这是家族传承中的核心所在。

书院发展，浸润家风

三鼎修身书院以传播和传承儒家修身文化为目的，团队的运行与管理原则与曾子家学息息相关。三鼎修身书院是一个修身型组织，它以《大学》为蓝本，以中道生命整体观为理论指导，强调提升个人、团队和学员的生机。团队成员每天坚持早起，“三鼎起圈”：通过素读《大学》总纲，练习大学礼法和儒门正坐，思考一天的生活重点，从而启动知、修、行三鼎，把曾子家学的“三省修身”和《大学》“六步心法”相结合，使工作修身化，修身工作化。三鼎团队还践行曾子家学的“九加一”生活方式，以旬为单元，前九天围绕一个重点去推进，第十天全天修身，包括练功、休粮和决疑。休粮是儒家的说法，就是不吃东西，让消化系统休息，同时通过练功来强化心身相合，并进行儒门正坐，通过心法六步回顾、总结这一旬的工作情况，明确下一旬的工作重点。这种方法源自曾子家学的传承，为打造修身型组织，建设新时代的书院提供方法。

走出家门，传习文化

2016 年父亲故去，我送父亲回老家，在告祖时发愿让家学走出家门，变家学为国学，于是 2017 年在深圳梧桐山开办《大学》传习会，按照一年传一鼎，三年上螺旋的方法让学生系统地传习知、修、行学问，用一年有得、三年小成、九年大成的路径培养修身型人才，到现在已经是第六年，进入了第二圈的行鼎，使三鼎家学变为了三鼎国学，同时提出要变阳明心学的“知行合一”为“知修行合一”，以适应新时代的发展变化。另外，2020 年发生新冠肺炎疫情，社会人心不稳，三鼎团队回到山东嘉祥祭拜宗圣曾子，在告祖时发愿向社会公开传授《大学》心法和曾子心法，然后在不同城市举办曾子家学心法公益论坛，持续开设线上修身心法对话，先后开办了 11 期儒门心法功夫五天研修班，为疫情防控期间缓解焦虑、稳定人心提供助力。

结语

我对家风的认识：家风的实质是“生机”的精神范畴，这种“生机”落实到家族里叫作家风，落实到企业里叫作企业文化。因此，从一个家庭的家长，到一个企业的董事长，都需要重视家庭、家教和家风，要通过传承中华优秀传统而提升“生机”，进而体现出奋发向上、百折不挠的精神面貌，“生机”在此时也就化为一种真正的领导力，在家庭里是家庭的领导力，在企业里是企业的领导力。总而言之，以一个人的“生机”去引领一群人的生机，以一个家长的“生机”去引领一个家族的生机，以一个老总的“生机”去引领一个企业的生机，这就是家风核心之所在。

第四章　儒学家风的精神传承

秦裕农口述，许雨阳撰稿

秦裕农，江苏省南通市人，出生于1963年。中欧国际工商学院校友国学会会长，上海市儒学研究会理事兼儒商专委会副主任，学修行（上海）科技公司董事长，曾荣膺“2017博鳌儒商标杆人物”。

我叫秦裕农，我理解的家风是与家教密不可分的，父母是第一任老师，父母的言传身教，在我们五个兄弟姐妹成长成才的过程中起到了潜移默化、深远持久的影响，这种影响对我个人的生活习惯、意志品质、子女教育、事业发展等各个方面都起到了积极的作用。

我的父亲母亲

全家福（爸爸妈妈、哥哥姐姐和我）

我的父亲：讷于言而敏于行的谦谦君子

我的祖上是无锡秦氏，明朝士大夫秦金之后，诗书传家是我们秦氏一族的传统。我的父亲先是从南通市离家赴上海学习金融，1947 年考入交通银行总行任职，20 世纪 50 年代支援教育系统，到上海闸北中学任总务主任。在我的印象中，父亲就是一位“讷于言、敏于行”的谦谦君子。他使我对“儒家”有了具体的认知和观感，是我走上儒学传播之路的引路人。因此，在我眼里，我的父亲就是儒家，他就是儒家思想的践行者与代言人，是我儒学精神世界的图腾与象征。

孝悌忠信，友爱恭敬

我的父亲是一个严谨内敛、谨言慎行的人，在为人处世方面，我认为他做到了孝悌忠信、礼义廉耻这八个字。

孝悌。我的父亲是一个典型的孝子，在我的印象里，他对于我的奶奶、家族里的长辈始终是毕恭毕敬、不逾礼、不失礼的。我们那儿有一句老话说

“不称娘，不开口”，我的父亲实实在在地做到了这句话的要求，即便是在喊我奶奶吃饭、扶我奶奶上床休息、照顾生病的奶奶等这些日常小事上也不例外。我的父亲和兄弟之间的关系也十分和睦，我的伯父意外去世后，父亲对我伯父的独子、他的侄儿、我们的堂哥视如己出，不畏辛劳地养育他成长、成才，20 世纪 50 年代，我们的堂哥考上了中央戏剧学院，80 年代成为大学教授。我的舅舅身体不好，舅妈也因故无法工作，她也没有生育子女。所以我的父亲、母亲始终秉持友爱恭敬的为人品性，把舅舅、舅妈接来与我们同住，照顾接济他们。

忠信。我的父亲是一个对工作尽忠职守、坚持原则的人。他无比忠诚于自己的事业，在需要担当作为的时候决不逃避退缩，始终坚守自己的原则和底线。父亲在上海闸北中学主管学校后勤工作时，学校库房的钥匙在他的手里从来没有丢失过，他一直尽忠职守，秉持着自己的职业操守。20 世纪 70 年代初，我父亲拿了 10 块钱去买米，回来后发现店家找错了钱，将 10 块钱又错找回给我父亲了，10 块钱在当时算得上一笔巨款了。我父亲发现后急得不得了，因为害怕店家着急，他连饭都顾不上吃就匆匆跑回米店送回 10 块钱。

奶奶、爸爸、我和堂侄女

爸爸和堂哥

礼义廉耻，知足常乐

礼义。我的父亲是一个知礼守礼讲礼的人，对朋友也十分讲义气，我经常能见到家里来一些父亲的同事、朋友找父亲聊天，向我父亲请教如何处理人际交往过程中出现的一些纷争和烦恼。我们老家有句老话说“爷爷糊孙子，孙子糊爷爷”，讲的就是我的父亲常常教导我们的——亲人之间不要太认真计较，太较真不利于家庭关系的和谐，做人要难得糊涂。我的父亲可以说是一位“护妻狂魔”，我的母亲性子比较刚直，说话直，容易在外面得罪人，而我的父亲总是会站在她那一边庇护她；印象中，我父亲对我母亲从来没有红过脸，说话总是柔声细语的。我的母亲身体不是很好，有风湿性关节炎和高血压，不能生气。我的父亲常常陪我母亲看病，生活中大小事务也总是谦让母亲，还总是教导我们不要和妈妈顶嘴，总是要求我们不要怠慢妈妈，要明白妈妈养育我们不容易的道理。因此，我们懂得了情感就总是藏在生活中的小细节里，因为父亲的言传身教，我们对亲情有了更直观、更深层次的体悟，对于父母也有着自觉自发的感情认知。如果惹爸妈不高兴，我们自己首先就会难过、自责；如果没有满足父母的期许，自己首先也会难过、自责。因此，从小爸妈就表扬我是一个有错就会认、不与父母顶嘴的好孩子。因为父亲一直以来的标杆作用，我的家庭氛围一直都很和睦。即使我们兄弟姐妹之间闹了矛盾，有了隔阂意见，我的父亲也会持有公正立场，不会站队去认同某一个人的做法，而是教导我们兄弟姐妹之间要和睦友爱，“家和才能万事兴”，他始终能把一碗水端平。

廉耻。我的哥哥、姐姐包括我，内心深处都有一种根深蒂固的廉耻心，现在想来，也是源于父亲对我们的教育。父亲总是教导我们自己的事情自己做、若不如别人时要有羞耻感，所以我们容不得别人说你这个人太菜、太不行，也非常害怕被人说自己不靠谱。父亲乃至我们兄弟姐妹都是轻易不承诺的人，因为我们认为答应别人的事就一定要做到，说话不算数、做人不靠谱我们就会感到非常羞耻，如果别人评价你是一个很靠谱的人，那么我们就会很开心。父亲也一直叮嘱我们要好好学习，只要读书好、有知识，总是会有机会的。从读书开始，我心中就有一个目标，就是一定要考上大学。尽管在 20 世纪 70 年代上半叶，大学已经不再招生了，但是我一直保持着刻苦学习的习惯，我的小学成绩单很少有良好以下的成绩，几乎都是优秀。我始终感觉不能辜负父母的期望，一定要好好学，给父母争光。父亲不会经常给我们讲道理，只是默默地用行为影响我们。让我印象最深刻的是父亲每天都要看他订阅的那份《参考消息》，一遍又一遍地看，毫不夸张地说，那本《参考消息》上几乎每一个缝隙都被我父亲看得清清楚楚了。父亲是一个淡泊名利的人，与世无争，但他为人积极乐观、充满正能量。他从不说什么丧气话，常挂在他嘴边的就是“知足常乐”这四个字。年轻气盛的我当时还不理解这四个字，认为这是一种不思进取的表现。可直到父亲走了我才深刻理解了什么是“知足常乐”。知足常乐其实是一种活在当下的积极乐观的态度，“乐天知命故不忧”，所以只有仁者才能不忧。从父亲身上我学到了一个人要做到志存高远、脚踏实地，更要懂得知足常乐。所以在我眼里，父亲就是儒家的典范，他真正做到了体悟天地自然之道，有一种无所倚恃、无所对待、淡泊宁静、内在快乐，为人处世总是近乎于道。我从父亲身上得到了儒家思想的滋养和儒家精神的传承。

爸爸和我

两个母亲：一严一慈

我的生母是一位医院的助产士，她的性格比较刚强，是一个积极进取、认真负责的人，对自己的要求十分严格。我母亲 50 多岁还重新学起了英语，并将她学到的英语用到了平时工作的应用场景中。我的另一个妈妈是我舅母，她没有生育，将我们几个兄弟姐妹视作她的亲生儿女一样，我们都亲热地称呼她为“娘妈”。

妈妈帮我建立了做人的根基

母亲40岁才生育了我，当时已经号召要计划生育了，但她还是顶着压力坚持生下了我。她是一位严母，从小对我要求就比较高，对我进行了严格的管理和教育。她刚开始规定我周一到周六每天只能外出玩半小时，后来经过争取，才提高到一个半小时，而周日可以玩三个小时，其余时间就在家里做作业、看书，这使我从小就养成了看书学习的习惯。母亲也要求我早睡早起，在小学高年级和初中，我一般5点多就会起床参加学校组织的7公里晨跑，每晚八九点钟就会入睡。记得刚考入初中时我的英语不太好，可看到母亲她50多岁了还在刻苦学习英语，在母亲这个生活在身边的榜样的直接激励和刺激下，我也发誓要向妈妈学习，把英语学好。从此我凌晨五点就起来背英语单词，这样坚持了一年后，在初二的时候我的英语成绩就比较好了。在她的严格管教下，我也养成了必须先做完功课再去玩耍的好习惯，这个好习惯让我受益终生，不仅让我的学习成绩一直名列前茅，而且也让我成为一个极度自制、自律的人。

我的母亲在医院工作，她是一个特别爱干净、讲卫生的人。印象中，我们家每时每刻都被母亲整理得干干净净的。在这样的熏陶下，我也养成了用完东西复归原位、摆放整理好物品、始终保持整洁的好习惯，这个习惯也让我受益终生，在一定程度上锻炼了我的组织管理能力。我的母亲也是一个不怕事，有担当，遇事不愿意低头的人。在她的影响下，我从小就刻苦学习、礼貌懂事，因为我要证明我是妈妈口中常说的那个“有家教的孩子”。长大后的我也确实没有让我的母亲失望，1979年我初中毕业的时候，被授予“上海市三好学生”的荣誉称号，并以直升方式就读复旦大学附属中学。

娘妈让我获得了慈爱的滋养

另一个妈妈是我的舅妈，我有两个哥哥一个姐姐，还有一个从小在我家长大的堂哥，我们都亲热地称呼她为娘妈，我的儿子秦苇杭称呼她为好奶奶。娘妈自己没有生育，和舅舅也没有什么生活来源，因此是跟着我们家一起生活。娘妈把我们当作自己的亲生儿女一样，而娘妈也被我们当作自己的亲娘一样，甚至可以说，娘妈对我们的爱都超过了自己的亲娘，到了“溺爱”的程度，当然是有原则、有底线的“溺爱”，我更愿意把它称作是“慈爱”。

娘妈是我爱的港湾，在我的家庭里始终扮演着慈母的角色，天底下关于慈母形象的任何想象都能在我的娘妈身上找到。我的父母性格相对比较理性、内敛，工作也比较忙，对我的管教也比较严厉。不管是在哪里受到了委屈，只要去到娘妈那里，我就能找到及时的安慰。小孩子的心灵很脆弱，容易受到伤害，而娘妈就是抚慰我幼小心灵的天使，她是把爱洒下人间的精灵，是我爱的港湾，有她的家庭就是有爱的家庭。我的娘妈是一个无私博爱、善解人意、让人如沐春风的人。无论是紧张复杂的邻里关系，还是剪不断、理还乱的家长里短的纠纷，她都能轻松处理化解。在娘妈身上，我学会了怎么样与人相处的本事，这一本事在后来我的创业过程中也起到了非常大的作用。邻居街坊有困难、有烦恼的都会亲近她、信任她，把她当作自己的亲人一样向她倾诉自家的难处、生活的辛酸。而她也从不辜负他人的亲近与信任，总是尽自己所能把自己省吃俭用攒下来的钱拿出来救济那些需要帮助的人。她虽然只是初小毕业，但经常会给我们讲做人的道理。娘妈常常说“对人好，就是对己好”。我小时候比较顽皮，有一段时间经常喜欢欺负别人家的孩子，娘妈常常教育我说，“你是你家的惯宝宝，他也是他家的惯宝宝，你不可以欺负他”。这就告诉我要“己所不欲，勿施于人”，别人家的孩子也是爹生娘养的心尖尖、宝贝儿，哪儿伤了碰了的话那他爹娘不得心疼死？同样我也是自己爸妈的小心肝，如果我哪次受伤生病的话，爸妈也是急得不得了，原来我欺负的不仅仅是那个孩子，我更是在人家父母心头割肉啊！明白了这个道理后，我从此就听从娘妈的教导，再也不调皮去欺负别人家的小孩了。再比如娘妈常常挂在嘴边说的“雪中送炭真君子，锦上添花是小人”这句话，作为小孩子，看到一些家里条件不好、衣裳不光鲜的小孩，就会不自觉地去轻视他们。可娘妈总是教导我们说做人要厚道，要学会去帮助那些真正需要帮助的人，因为雪中送炭才是真君子；而对那些家里条件好、衣着光鲜的富贵人家的孩子，我们也不会特意凑上去阿谀奉承、刻意讨好，因为娘妈说锦上添花是小人，这就在我们幼小的心灵深处种下了正直的种子，而我们孩童由心而发的朴素心愿也同样告诉我们自己：不要做娘妈嘴里说的那种小人；也是因为这样，我们兄弟姐妹都不是唯利是图的人，而是更加注重追求精神财富。父母、娘妈的身体力行以及对我们从小的教育，我们家庭也形成了不以金钱为导向去评价人的风尚。因此，在娘妈的教导下我们兄弟姐妹五个孩子没有一个人走上邪路，都是人品端正、为人坦诚、有自己的尊严感和羞耻心的人。娘妈和我们没有血缘关系，可她比一般的血亲都要好，在我奶奶生病需要人照顾时，我的娘妈不辞辛劳、两地奔跑、心挂两头，既要去老家照顾我生病的奶奶，又要回上海照顾当时还是小孩的我。娘妈对我们比一般的母亲对自己的子女还要好，她总是苛待自己，有什么好东西都是自己不吃，要留给我们吃。人与人的感情都是将心比心，说句老实话，我对娘妈的感情甚至比对自己的亲娘还要深厚，娘妈对我来说的感觉是陪了我一辈子那么长的人，我和娘妈在一起的时间比我和父母在一起的时间更长。

娘妈自己没有生育，在我的舅舅去世之后就成了孤寡老人，可她从不去领取国家发放的每月 9 块钱的孤寡老人救济金，在 20 世纪 70 年代，每个月 9 块是一笔不少的钱。这一行为在常人看来是不太能理解的，可娘妈始终坚持不要救济金、不欠国家钱，宁肯去变卖自己攒下来的金银首饰等家私去帮助别人，也不愿意不劳而获。她说："我拿了这个钱，就没法过自己想要的日子了。"当时领了救济金，就要多受一重管束，这会让人格独立、高尚、追求精神自由的人活得没有尊严。印象中，娘妈总是把自己收拾得很干净，很注重自己的形象，因此她也总是显得比同年龄段的人更年轻。

娘妈和我

家风之悟：儒家孝道，体悟践行

我认为儒家的孝道不是每个人天生就会、自发奉行的，它更多的是代表着人性的光辉，所以需要我们每个人去下自觉反省的功夫，去深刻地体悟内省，去自发地教育传承，才能自觉地践行孝道。我认为我的家庭就是践行儒家孝慈之道的良好范本，而我对我的孩子苇杭的教育也是从孝慈开始入手。就像我父亲做的那样，我会有意识地培养儿子早起问候长辈的习惯，教育他懂礼貌、尊重别人、体谅长辈、关心别人。在教育孩子做人的道理的过程中，也会经常引用老一辈对我讲的话，比如娘妈常常说的“对人好，就是对自己好”“自己的事情自己做到，不如别人要有羞耻感，要做一个‘很靠谱的人’”“雪中送炭真君子”等。比如父母、娘妈常说“诚实是最好的策略，大家都不是傻子，你骗得了一时骗不得一世”“做一个好人最大的受益者就是他自己”“做好人就是让他自己幸福、开心，获得人生圆满”。这些朴素的话语里蕴含着儒学家风的精神传承，而这不正是我从小被熏陶，从小看着父母、娘妈他们对待他们的父母、兄弟姐妹、子女而充分得到的影响吗？因此我也就会像父母、娘妈教育我那样，去教育苇杭学习践行“做人一定要诚实”“不要只考虑自己”“自己玩的玩具要学会与别人分享，独乐乐不如众乐乐”等道理。

我的父亲母亲从小只对我做大方向上的引导和要求，对我具体的学习安排从不插手，这就培养和锻炼了我学习的自主性、对自己负责任的人生态度以及使我成为一个有主见的人。因此我对苇杭的教育也是这样，他去美国读了四年大学，我从不过问他的成绩怎么样，只对他在处理人际关系、管理情绪等问题上进行引导和开解，告诉他做人最重要的就是学会怎样开心，这就要能够体谅别人，能够帮助别人做事情，对别人有价值，满足别人的需求，是故“成人者成己，助人者自助”。

有了父母、娘妈的示范，以及自己有意识的学习、体悟儒家经典，我逐渐形成了一套传承家风的方法和原则。认识自己的过程是艰辛和漫长的，而阅读经典无疑是帮助一个人自我认知的终南捷径。因此，我希望孩子能早点儿接触儒家经典，我也想把我对儒家思想的很多体悟和孩子进行分享，所以就开始了和孩子共同诵读经典的历程。我相信“君子务本，本立而道生”，所以从小就要让孩子打下做人的扎实基础，使他“少成若天性，习惯成自然”。等到孩子成人后，就能做到不思而得、不虑而行。在娘妈的慈爱滋养下长大的我也相信“父慈子孝”，人的立身之本是孝，父慈子才孝，这个“慈”是心中不断滋长的爱，如果孩子从小受到这种爱，那么他是不会坏到哪里去的。对于孩子爱玩的天性，我也并不去压制和反对，只是告诉孩子学习越主动，玩的时间就越多，即所谓“复归于婴儿”“不失其赤子之心”。在我有意识地熏陶和培养下，朋友们都认为我教子有方，都说苇杭是一个懂礼貌的孩子。很多时候，与其说我在教育孩子，不如说是在教育自己，顺便把孩子给教育了。“以身教者从，以言教者讼”，在这样互相教育的过程中，良好的家风也就逐渐形成并能够代际传承下去了。

家风之力：为人利他，治企以德

如果说家风的形成是家庭每个成员共同努力的结果，那么家风的践行就是我们每个人一生的功课，我们生活中的为人处世时刻都打着家风的烙印，我们事业的成功也少不了家风之力的加持。

好学而乐学，近乎知

我的父亲是一个学习十分努力、做事非常认真负责的人，他先是从南通市离家赴上海学习金融，又于1947年考入交通银行总行任职，改变了自己的命运，父亲一直是我学习的榜样。我1985年大学毕业后在铁道部上海科研所从事软件开发工作，是中国较早的软件工程师之一。工作5年后，即1990年，我开始备考托福、GRE，准备出国留学进一步提升自己。在备考期间，为了更好地学习和掌握英语，我进入了一家外企工作，由于工作表现出色，不到半年的时间我就被提拔为这家外企上海代表处的代表，全权处理其在中国华东区域的业务往来。1992年我拿到了美国大学录取通知书，其时正逢改革开放总设计师邓小平南方谈话，经过深思熟虑，我放弃了出国深造的机会，选择留在国内自己创业。在创业的过程中，我又发现自己比较缺乏经营管理的专业知识，因此又报读了中欧国际工商学院EMBA课程。无论是参与“七五”工程项目、荣获国家科技进步奖，还是我后来深耕金融投资领域、成为著名基金管理合伙人，再到研习优秀传统文化、蜚声国内儒商学界。我身上一直有着父亲带给我的强烈的“发愤忘食，乐以忘忧”的好

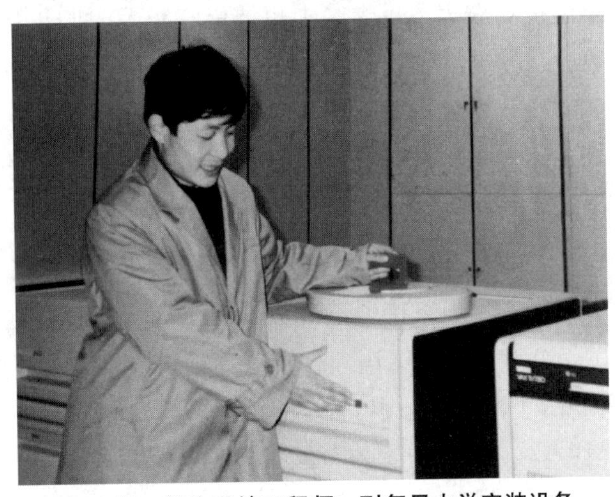

1990年，作为系统工程师，到复旦大学安装设备

学精神，这也正是儒家人文精神在我们两代人之间的真实传承。

内求而无求，近乎勇

我的父亲常说知足常乐，当时年少的我还不太能理解这四个字，认为这是一种不思进取。经过对儒家经典的学习以及自己历经商海沉浮的打磨历练，我渐渐明白了父亲的意思，知足更重要的是认识自己的界限，知道自己的能力范围，不寻求自己能力范围之外的事物，所以才能没有烦恼。所谓亢龙有悔，我们不仅要知道怎么把力发出去，更要能知道怎么收回来，不仅能被欲望引动，也能在欲望面前知止知足。人的心需要时时得到滋养，养心就像是养鸡一样，早晨把鸡放出去了，晚上也要能让鸡及时归巢从而得到休息，即要能够及时收心、控制欲望。我在2007年生了一场大病，长期过大的工作压力和亚健康的身体状态积聚得无以复加终于一下子爆发出来了，我彻底病倒了，整个人的身体状况积重难返，当时44岁的我如同暮气沉沉的老人一样，这导致我有两年的时间都无法正常工作。

2007年至2009年这两年我开始收心了，将自己整个人的生活节奏都慢了下来，每天坚持诵读经典、打坐修身，开始更深入地学习国学，并尝试做国学公益推广。渐渐地，我从那种沮丧、悲观、抑郁的精神状态里走了出来。我有22年的吸烟史，在2007年我一朝就戒掉了吸烟这个坏习惯，我也坚持每天打坐半小时，这一坚持就是11年。我还开始控制饮食，不吃生冷、饮食有节，即使是一碗无滋无味的小白粥，我也能喝得津津有味。所谓“学问之道无他，求其放心而已”。我发现自己在学习国学的过程中树立了一种对儒学之道的信仰，正是这种信仰让我能够真正地诚意、正心、修身、齐家、立业。因为有着信仰，所以我能数十年如一日地践行打坐站桩、诵读经典，我也才能够成功将自己的体重由10年前的85公斤减到现在的58公斤。这种信仰也使我后来能在高度紧张、瞬息万变的投资环境中做到果断决策、勇于担当，因为一个能够谨守“今日事今日毕”的人生信条、坚持诵读经典3500万字、每日打坐不辍4100多天的人，一个“行有不得，反求诸己”的人，是无惧无畏于任何风雨打击的。

十年前的我，85 公斤，腰围三尺三（1.1 米）

现在的我 58 公斤，腰围二尺（67 厘米）

利他而成己，近乎仁

我的父亲是一位儒者，他是坚持儒家核心精神的“恕”道原则——“己所不欲，勿施于人”的仁者，仁者爱人，将爱人之心在工作和生活中落到实处，是他在自己日常生活中的行为准则，也是对我的谆谆教诲。因此，在后来我做企业、管理员工，也时常谨记“为人君，止于仁”“躬自厚而薄责于人”。所谓仁爱就是为人好，娘妈也常说待人好就是待己好，因此遇到了一些混日子的员工，如屡教不改，我才会决定开除他。因为放任不是爱，严格管理才是对员工负责，如果放任员工在我的公司混日子，那么就是在害他，而不是爱他。父母从小就对我严格要求，在我做学生干部的时候也常常教导我“自己身正，才能令人信服”。即所谓“其身正，不令而行”。作为领导者要率先垂范，才能令别人信服。对别人的提出的要求自己要先能做到。正是因为我对员工如同严父般的严格要求和管理，才会有不少员工在后来都闯出了自己的一片天，事业上取得了不小的成绩。后来在2009年做公益组织国学会的时候，我更是注重德行的培养，强调以导人向善为核心，以实现良知为归依，提倡管理者要关爱每一位员工及其家庭，践行“家”文化的管理理念。

小时候，娘妈总对我说“对人好就是对己好”，等到自己长大做生意了，我也秉承一个朴素的观点即“让客户买到安心”！也正是坚持这种朴素的基本做人道理，我的事业发展也受益匪浅。有很多的业务和项目并不是我们自己主动去吆喝、去求取的。反而是很多在我们这儿买到放心产品的客户，主动将我们介绍给厂家，非要让我们接下厂家产品的代理权，不然就与厂家中止业务往来。正所谓信义值千金，我们就凭借着自己的“靠谱”，既留住了客户，还开拓了业务，更迎来了事业的发展。娘妈和爸爸都说过滴水之恩当涌泉相报，做人要常怀感恩之心。曾经有一个浙江的银行老总姓胡，曾给我们做过一个一千万的项目，后来这个浙江的银行老总年龄到了退休了，自然是人走茶凉、门可罗雀。而我始终感激他当时给我们做了那么大的项目，每年还是会坚持从上海飞到浙江去看望他两三次。有一次上海有一家银行招标，当时我们正在与另一家公司竞标，说实话，我们公司的实力在当时是稍弱的。不过所谓无巧不成书，巧合的是当时退休的胡总正好与上海那家银行的老总认识，闲聊之余正好提到了我是个为数不多的能不忘旧情、在胡总退休之后还能去看望他的人。正是这次无意之间的闲聊让上海那家银行的老总偏向了我们公司，最终我们赢得了那个项目。父母常说："滴水之恩、涌泉相报，别人给你机会，要记在心里，念之、报之。"我只是认为浙江的银行老总对我是知遇之恩，也算是"衣食父母"，在他退休之后去看望他也不过是人之常情，没有什么了不起的。可没想到"无心插柳柳成荫"，收获了意料之外的回报。我也体悟到做生意更多还是做人，做口碑，而这些基本的做人道理也正是我的家风给予我立身处世的最大财富和凭仗。我认为，无论处何境、谋何职、做何事，我们每个人都要做个"正人君子"，秉守良知，至诚恭敬，尽其在我，听其在天。

立信而循义，近乎德

我的父亲是个十分讲信用的人，答应的事情必会做到，即便是对小孩子也从不失信。我的母亲也是决定做一件事就一定要做到。"诚者，天之道也，诚之者，人之道也""人而无信，不知其可也"。诚信是一个人安身立命的根本，也是一个企业持续发展的根本。人无信不立，企业无信也不可以久。在我心中，诚信的分量重于泰山，是关乎一个企业生死存亡的根本因素。因此我经常组织员工参加国学讲座、共学圣贤经典、参访幸福企业，培养员工诚信意识。也动员公司管理层坚持学习书法、太极，还带领员工们一起每周每日练习，从小处着手，以自律贯彻，坚持完成自己订下的计划。先培养对自己讲诚信，才能做到对他人守诚信。在经营企业的过程中也常常融入"人无信而不立"的圣贤君子之道，我认为企业管理与教育有类似的地方，都是"润物细无声"的过程，员工们的思想有共鸣、文化有认同，就能心往一处想、劲往一处使，就能风雨同行、同舟共济，一起共同驾驶好企业这艘大船平稳驰骋于诡谲变幻的商海。

"君子喻于义，小人喻于利。"我与客户很少是纯粹的买卖关系。有一次，一个新员工成功拿下了订单，是卖给客户价值 40 万元的设备，回来公司找我办手续准备和客户签约了。我问那位新员工有没有和客户吃过饭，新员工说没有，客户很忙，没有约上饭。我说“饭都没吃过你就敢跟客户签约啊”，结果我硬是压着那个新员工不让他去和客户签约。当时那个新员工还不理解，说“老板有钱你都不赚啊”。我一直秉承“先做朋友，再做生意”的理念，人和人的了解需要一个过程，我不是一个看着有钱赚就急功近利的人，好饭不怕晚，不草率签约一是规避商业风险，另一方面则是强扭的瓜不甜，通过和客户吃饭、交朋友，也能看出客户的为人处世是什么样的，与合得来的人做生意，那么也能够避免在以后的业务往来中产生一些不必要的纠纷。父母常常说“你只要踏踏实实把自己的事做好，剩下的交给老天就好”。那么什么是把自己的事做好呢？父母、娘妈的言传身教告诉我就是要行正道、做正事。我始终信奉循义而行乃是人之正路。只要正气存内，便邪不可干。所以即便企业经营重视利润，我也时刻牢记“义”字当头，见利思义。后期我也非常重视投资医疗健康、养老教育产业，因为钱是赚不完的，最重要的是让金钱为我们服务，让他产生更积极的社会效应。

十年来，在繁忙的工作之余，我创办的公益组织国学会共举办了几百场公益文化活动，影响了数万人。我现在也正带领着全国各地百余位传统文化爱好者每日线上共修《论语》与《弟子规》，为每一位诵读打卡的朋友授花、点赞，为每一位提问的朋友答疑解惑。“靡不有初，鲜克有终。”我时刻谨记这句《诗经》名言，提醒自己善始而慎终。“天行健，君子以自强不息。”

结语

家是一个人的出发地，也是良好家风的传承地。培养良好家风，第一就是要做到有正直的品格，不偷奸耍滑、不投机取巧，即人格要正。第二就是要高度重视学习教育，不仅是重视子女的学习教育，也同样重视对自身的学习教育。这种学习教育不仅仅限于知识层面，也可以是学习做人，学习一门立身处世的手艺，或者是学习某一样爱好，等等。第三就是要有感恩之心，“爱人者，人恒爱之”。我在父亲身上学到了儒者的温文弘毅，在母亲身上学到了商者的慎谋果敢，在父母身上学到了学者的孜孜不倦，在娘妈的影响下，我也十分热心公益事业。我总结家风的影响是：积极向上的家风可以帮助形成社会风尚、引领时代风气。修身、齐家方能治国、平天下，我们应该大力建设好家风，培养健全人格，为社会做贡献，为国家出力量。

第五章　善为人间幸福源

张旗康口述，殷宇冰撰稿

张旗康，江西省萍乡市上栗县长平乡流江村人，出生于1964年，四川美术学院师范系绘画专业深造，华南理工大学工商管理MBA硕士。现任蒙娜丽莎集团股份有限公司股东发起人、实际控制人、董事之一，公司董事会秘书、企业技术中心副主任、蒙娜丽莎研究院副院长。

“耕读传家久，诗书继世长。”我叫张旗康，我认为家风是中华优秀传统文化的重要组成部分，是我们文化自信的重要依托，也是一个家族赖以延续、生生不息的根脉。祖辈、父母们在日常生活中以身作则是最为生动的家风教育。发生在我爷爷奶奶和父亲母亲身上的一些故事，虽经岁月磨砺，这些往事依旧深深印刻在我心中，至今仍激励着我不断前行。

感悟家风：积善之家，必有余庆

《道德经》有云：“善行无辙迹。”我爷爷奶奶身上的善良，是一种精神，是一种品质，更是一种为人的高度。爷爷奶奶的善良和仁爱，让我感受到世间所有的美好，都是环环相扣的。善良不仅不会吃亏，而且还会带来福报。

我的爷爷：药润人心，德被乡梓

我爷爷叫张清生，但我从未见过他本人。我对爷爷的了解主要源自父母和其他长辈的讲述，同时也包括我对爷爷的想象。坐落在江西与湖南交界处的萍乡流江村是一个普普通通、并无多大特色的小村庄，之所以能够在民国期间成为整个萍乡地区、甚至在湖南部分地区提起来无人不知、颇负盛名的地方，与我爷爷有着很大的关系。

爷爷当年主要以经营药材为生，在当地近 50 公里范围内，大大小小数十家药店全是爷爷所开，这些药铺都按照平价或者微利出售药材，而且保证货真价实、童叟无欺，因此爷爷在当地有着乐善好施、爱护乡里的好名声。

积善之家，必有余庆。尽管曾经有一段岁月，人与人之间的关系一度紧张。但是爷爷所做的那些善事，当地人并没有忘记，即便是迫于压力要对爷爷进行揭发的时候，乡亲们也是应付了事。我们这些后人还是感觉到公道自在人心，人世间存在着一种福报。仿佛整个家族、特别是爷爷传承下来的这份善根在一直支持和庇佑着我们，以至于大家没有在那段日子丧失本心，所以最终我们才能在改革开放的新时期，靠着祖祖辈辈传承下来的勤劳、智慧和善良创造出今天这样的幸福生活。

我的奶奶：妙手仁心，求知若渴

我的奶奶也跟医药有缘，她虽然是文盲，但靠着家里祖传的一些偏方和医术，以及她自身对医药的热爱和极高的悟性，也能够行医看病，并且在流江颇有“妙手回春”的名号，特别是她治疗羊痫风的本事是当地一绝。家里长辈告诉过我这样一个故事：奶奶曾经遇到一位病人突发羊痫风，由于病人手脚发抖、全身抽搐、呼吸困难，眼看着要窒息了，奶奶当机立断用银针刺入病人的人中，同时撬开他的嘴，把一些姜和蒜放入病人口中，避免他把嘴巴合拢，从而让他能够保持呼吸，然后再用药。病人最终在奶奶的治疗下转危为安。记忆中，我父亲也曾用这一方法治好了一位邻居家的女孩儿，后来一问才知道他是从奶奶那里学到的。

奶奶曾经讲过：“人之所以有生命，最重要的就是呼与吸，正如小孩子出生的时候会哇哇大哭，就表示他这条生命来到了人世；人死的时候，随着最后一口气咽下，无法再呼吸，这个人便离开了人世。”奶奶对生命的理解十分的简单朴素，却又富含哲理，她始终怀揣着这么一颗尊重生命的仁心，利用自身医术在当地造福乡亲，治好了许多人的病，拯救了许多宝贵的生命。奶奶去世的时候，从灵堂到下葬的墓地之间有好几公里的路程。当时马路两边全部站满了闻讯而来、自发为奶奶送行的父老乡亲。

我父亲张绍华从小热爱学习的优点就与奶奶有关。奶奶并非医学科班出身，但在长期行医过程中难免会遇到一些疑难问题，为了解决这些问题，极富探索精神的奶奶会硬着头皮去学习《本草纲目》《千金方》这些对她而言有些艰难晦涩的中医药重要典籍。

我感觉奶奶其实是抱着一种救死扶伤的道义去鞭策自己勤学好问。由于她识字不多，医书上很多看不懂的地方，奶奶就会去问村里那些识字的人，让人家读给她听，然后她再结合自己的临床经验理解琢磨；有时遇到一些没见过的中草药，她就会记住药的样子，然后去医书上寻找，看看有没有记录这种药的图片；她也经常去当地的中医院请教查证，问问这个药采摘之前长什么样子、晒干后是什么模样、有什么功效和禁忌等等，总之，不把这些医药问题的来龙去脉搞清楚，她是不肯罢休的。

她深感自己由于文化水平不足，学习起来十分吃力，遇到很多问题无法直接解决，经常感叹自己如果多认识一些字就好了。所以奶奶内心深知学习知识文化的重要性，并非常希望自己的孩子们都能够读书明理。无论日子过得多么艰难，奶奶始终把孩子们的上学问题放在第一位，丝毫不敢耽误，所以我伯父、父亲、姑姑那一辈都至少读了初中，这在那个年代已经是很难得了。

领略家风：忠厚传家，尽心育人

苏轼的《三槐堂铭》中有云："忠厚传家久，诗书继世长。"我父亲为人处世忠厚诚实、对知识如饥似渴；母亲读书虽少却把儿女读书作为头等大事。父母亲的品行潜移默化地影响了我一生。

我的父亲：勤奋坚韧，大爱深沉

父亲对我一生的影响非常大，与他一起生活的日子里，父亲求学如渴、谨慎乐观、伟岸慈父的形象深深刻在我的脑海里。

漫漫求学路

父亲出生在这样一个家庭，可以说是喜忧参半。好的一面是由于小时候家境优渥、衣食无忧，还能拥有受教育的机会，他也正是得益于此，所以基础比较扎实，后来能够考上江西财经学校（现为江西财经大学），成为高级知识分子；忧的一面是因为爷爷的成分问题，父亲在求学之路上和后来的工作经历中，都遭受了很多磨难与不公。

父亲学习成绩一直比较好，中学毕业后，他其实是想过要考大学的，无奈家庭条件不允许。尽管方圆一带都知道奶奶能够行医看病，但奶奶给乡亲们看病几乎是不收钱的，最多就是置换一些物品，比如人家拿点米、布料就当作医药费了。所以父亲的求学费用靠家里是靠不上的，他最终只好选择报考学习年限较短的中专，这样不仅开销少，而且还能早点儿毕业参加工作，减轻家里的负担。

在学习期间，为了筹措学杂费、生活费等，父亲每次放寒暑假回到家里，在繁重的学习之余，一有空闲就去山上砍杂树、捡枯枝，然后捆成柴火拿去集市换钱。在这样艰苦的日子里，爸爸总算“熬”到了毕业，因为他学习的是财经专业，所以最后被分配到江西婺源农垦局下属管理的一个农场中当会计。

铮铮铁骨汉

父亲在婺源农场工作期间，遇到了从浙江逃荒而来的母亲。在那个年代，谈婚论嫁也讲究门当户对，但首先不是指经济上是否相当，而是指政治成分、家庭出身方面是否合适。父亲因为爷爷的缘故，那些家庭成分较好的女人是不愿意嫁给他的，而我母亲是从外地孤身一人逃荒而来，算是来历不明，所以当时他们之间的这种结合反而算是很般配。

恩爱父母，白头偕老

父亲和母亲结合后，日子过得其乐融融。1962 年，我的大哥张萍康出生，之所以取名为“萍康”，一方面是因为父亲来自萍乡，母亲家乡是浙江永康，所以各取一个字；另一方面是说父母二人萍水相逢，希望这个孩子能够平平安安、健健康康。1964 年，我在江西弋阳旗山出生，父亲为我取名“旗康”，这个名字的寓意是希望在红旗下诞生的我能够健康成长。两个孩子相继到来，给了这个家庭无尽的快乐和温暖，但这样安定平静的生活并没有持续多久。

父亲有感于爷爷的遭遇和自己知识分子的身份，对当时社会上逐步升温的政治运动非常警惕，他已经隐约感到有一场大的风暴即将来临。尽管我们知道父亲在那一特殊时期受到了不公正的对待，但他自己从不提及当时的具体遭遇，好像那些事情从来就不曾发生过。父亲正是因为很好地传承了爷爷、奶奶身上那种善良的品质，所以他能够用一种淡然的态度面对过往苦难，同时满怀期待憧憬未来。父亲始终教育我们几个孩子要保持乐观向上的心态，热烈拥抱生活，创造美好未来，不要沉沦在痛苦的回忆当中，迷失自我。

拳拳慈父心

尽管父亲对我们教育很严厉，但他从来没有打过我们，他觉得自己作为父亲，对孩子们是有歉疚的，因为我们生下来没多大，他就因故离开了几年，没有尽到养育的责任。

贪玩儿是所有小孩子的天性，我小时候也不例外。如果能够敞开了玩，我是那种会玩到忘乎所以、停不下来的孩子。我们这些农场长大的孩子没有城里那些精致新奇的玩具，农场的广阔天地就成了我们最好的游乐场。我们那个时候经常玩一种叫作“地道战”的游戏，其实就是一部分小孩藏在草堆、田地这些地方，另一部分孩子就扮演“鬼子”来搜寻。我记得有一次玩游戏，我藏得实在是太好了，躲着躲着就在干草堆里睡着了，也不知道睡了多久，在梦中隐隐约约听到有人在不停地喊着“旗康……张旗康……”我忽然惊醒，急忙钻出草堆，结果看到父亲和其他大人们打着手电、灯笼到处找我，后来才知道当时已经是晚上 12 点多了。

我原本以为自己犯下这样大的错误，肯定免不了挨一顿狠揍。但父亲只是让我面壁思过半个小时，然后就准我去洗漱睡觉了。他对我说：“父亲并不是不准你玩，而是玩要也必须要有个规矩，玩到这么晚，把自己的作息时间打乱了，就会影响到第二天的学习。”父亲的这种教育方式跟他自身有较高文化水平有关，他总是选择用讲道理的方法与我们沟通。

此外，父亲也非常注重发掘和培养孩子的天赋。我从小对画画特别感兴趣，有时候会拿着石头、粉笔什么的在地上随手画画。对于这些小孩子胡乱涂鸦的东西，其他大人通常都是不太在意的，但父亲观察得很仔细，他发现我似乎无论看到过什么都能够画出个大概轮廓，比如我曾经看见火车经过，就照着样子画了一列火车，还挺像模像样的。父亲就开始有意识地关注并引导我画画，即便当时家里孩子多，负担很重，父亲也会节衣缩食省下一些钱来给我买画笔、画纸等作画工具，支持我画画。我之所以可以步入四川美术学院师范系攻读绘画专业，包括后来从事产品设计、在陶瓷领域立足等都与从小就对画画有浓厚兴趣和坚持练习有关。

我的母亲：历经坎坷，朴实良善

母亲对儿女的爱、对儿女的教育就像星辰大海，在生活无处不在，母亲对自己非常自律和节俭，一心一意全放在了我们这个温暖的家，她那宽厚的爱，成就了我。

身世曲折，颠沛流离

长大后，我才深刻理解母亲的身世是多么曲折坎坷。我的外公出身于湖北天门地区一个大家族，他自己在国民党军队也做到了旅长级别的高官，我的外婆是他娶的第三房姨太太，后来外婆生了两个小孩儿，也就是我的舅舅和我的母亲。

解放战争后期，国民党兵败如山倒，外公、外婆来不及把这两个孩子一起接到台湾去，就只好把他们托付给大陆的亲人抚养照料。舅舅就交给了外公在南京的二姨太抚养，二姨太没有自己亲生的小孩，所以一直将我舅舅视若己出，同时毕竟在城里生活，我的外公还留有部分财产，舅舅从小的生活算是比较富足，因而也受到了良好的教育。

我的母亲就远没有这样幸运了，她被送到我外婆在浙江金华永康县的妹妹家里，所以我母亲从小是在自己姨妈家长大的。当时农村地区重男轻女现象还十分严重，更何况我母亲还属于寄人篱下，母亲从小生活的辛酸可想而知。

在那段艰难的年月里，姨婆家能够把母亲养大已经算是十分难得了，所以根本不用指望还能够有书读。于是，母亲最终成了文盲，她只会写自己的名字——“肖业华”这三个字，除此之外就不认识几个字了。

永康县人多地少，要填饱肚子很不容易。后来，姨婆家里也实在无力抚养这么多人，当时大家听说临近永康的江西地区光景还不错，所以很多人就选择前往江西，母亲就是这样从浙江一路行乞到了江西。

含辛茹苦，勉力持家

父亲不在家里的那几年，周围没有亲戚能够帮扶我们，所以养育四个孩子的重担就全部落在了母亲身上，其中艰辛不言而喻。母亲有段时间还患上了严重的肝病，全身浮肿、痛苦不堪，但是她根本没有去治病休养的条件，家里的几个孩子都还没长大，她不能停下脚步。

母亲靠着自己极其坚强的意志和对孩子们的爱，硬是带着病、忍着痛下地干农活，维持一家五口的生计。那些年里，我们几兄妹的衣服没有一件是在商店里买的，基本都是母亲自己做的，鞋子烂了也都是靠母亲缝补。我们每每看到其他人家的小孩穿上新衣服，心里都会很羡慕，其实这一切母亲也都看在眼里，全天下哪个母亲不想把最好的东西给自己的孩子呢？但是我们家的日子实在是太艰难了，只有到过年，母亲才拿出一年到头省吃俭用、好不容易积攒下的一点点钱，请裁缝师傅到家里来为我们每人做一套新衣服，而她无论如何是舍不得给自己做一件的。

父亲回来后，我们家的生活有了一定改善，但总体上还是很拮据，最廉价的蔬菜和粗粮是我们家饭桌上的常客。有时候一个月偶尔能够吃上一两次肉，其实也就是一块小小的肉一家人吃，每个人分不到两三片。但是母亲总是把肉夹到我们碗里，她和父亲就负责把沾了点儿肉味的剩菜、菜汁全部拌饭吃掉，碗里见不到半点肉末。

我们心疼母亲，就说："妈妈你怎么不吃肉，我这里还有一小块，分给你一点。"但母亲每次都会回答："你们小孩子长身体才需要吃肉，妈妈不用长身体了，所以就不用吃肉。"母亲为了能让我们几个孩子吃饱饭的确是绞尽脑汁，家里粮食不够，她就把红薯、土豆这些粗粮切成块跟饭煮到一起，这种粗粮饭煮出来又多又顶饱。尽管我们那时吃穿都很简陋，但是父慈母爱，一家人只要能够在一起就过得非常温馨甜蜜。

寿星母亲，笑容灿烂

读书虽少，重视教育

母亲从小没有上学的机会，但她对知识有一种发自内心的尊重和向往，因此她十分重视孩子们的教育问题。她经常跟我们说："如果你们的爸爸没有读书、没有文化，他就不会调到这个农场来工作，那么妈妈就不会遇到他。不管别人怎么看不起我们家，你们一定要认真读书。"

母亲总是用心陪伴着我们读书学习，每天晚上我们几个孩子在一旁做作业，母亲就坐在离我们不远的地方缝补衣物和鞋子。因为要时不时盯着我们，所以母亲经常会被缝衣针戳到手指，但为了不打扰到我们学习，她都是忍住疼痛，尽量不发出声响。母亲心里很清楚：像我们这样的家庭背景，孩子们唯一的出路就是靠读书，只有通过学习，掌握文化知识以后才有过上好日子的可能。所以她觉得只要看着自己的几个孩子在认真学习，未来就有希望，这就是幸福。

母亲讲不出什么道理，只能以自己为例来说明读书的重要性，她经常对我们说："像妈妈一样是个文盲，大字不识几个，所以只能干这些苦力活儿。"在母亲这样日复一日用心陪伴和朴实言语的不断教诲、督促下，我们几兄妹总算是没让她失望。我的大哥读了初中，我和小弟都是大学毕业，大弟和妹妹也读到了高中。母亲始终认为她的子女们正是因为上了学、读了书才能走出农场、进入城市，才能过上今天这样好的生活。

父母和子女

践行家风：温热善良，坚忍执着

祖辈、父母亲言行孕育的良好家风，和风细雨一样滋润着我的心田，影响着我的一言一行，鞭策着我前行。

做人做事，吃亏是福

我并没有接受过很系统的中小学教育。到了该上学的年纪，因为父亲还关在牛棚，所以我在当地是无法上学的，只能到萍乡投奔我的二伯，去他那里找个学校念几年书。父亲当年曾经历了20世纪六七十年代的政治运动，被平反后，我才回到弋阳花亭农场继续上学。在那个年代，学校基本上都没教多少文化知识，我印象最深的反而是有段时间学校要组织出黑板报，我因为懂绘画就被选中了，同时学校还会为我们提供伙食，吃的比家里也要好得多。我为了减轻家里的负担，在家里就干脆不吃饭，饿着肚子等着学校那顿饭，真真正正是一顿顶一天。到了要读高中了，我又回到了萍乡，就读于萍乡矿务局下属的矿山机械子弟学校。

尽管我从小学一路读到了高中，但中途家庭遭遇变故，自己又兜兜转转换了几个学校，所以我基础知识学得并不扎实，连续两次高考都没能考上大学，这样一来我就只好打算去工作。1981年，正好花亭农场下属的味精厂招工，我通过了招工，正式成为一名工人。刚开始我跟母亲一样在车间里当普通工人，不久后，厂里工会需要招一名宣传干事，而我会画画，于是就提拔了我。母亲由衷替我高兴，但她也担心我年轻气盛，总是语重心长地提醒我说："不要觉得你自己现在工作好了，就骄傲自满了，你一个年轻小伙子去了工会，其他同事的年纪都比你要大，是你的前辈，你在工作中要尊重他们，有问题多向他们请教。"

母亲还非常细致地嘱咐，让我每天早上提前10分钟去办公室，把卫生打扫好，每张桌子擦干净、把水烧好、帮大家泡好茶。泡茶要拿捏好时间，不能泡太早，免得其他同事喝的时候太凉；也不能泡太晚，否则太烫。尽管母亲没什么文化，她无法告诉我做这些事的道理何在，但她就是知道这么做对别人好，对我也好。母亲总是以这些生活中简单之事为例子，来教育我做人不要怕吃亏，让我牢记吃点儿亏是好事。

干事创业，贵在坚持

我在味精厂工作的时候毕竟还很年轻，始终有一颗想去外面闯荡、干一番事业的心。1985年，我去贵州安顺跟随叔叔学习啤酒酿造工艺，经过日夜苦读、用心钻研，后来还被破格提拔为全厂唯一没有大学文凭的技术员。尽管在啤酒厂的工作很不错，但我心里永远放不下画画。当我听到四川美术学院要对外招生的时候，我果断报名，结果没想到最后能够如愿以偿到美院师范系绘画专业深造。在读大学的时候，我发现如果单纯靠艺术很难成就自己，特别是根据自身的条件要在艺术领域成名实在太难了。所以大学一毕业，我回到味精厂短暂过渡了一段时间后，就停薪留职去了海南岛工作，之后又到广东佛山工作和生活，至此再也没有离开过。

我在佛山的经历可以用“一二一”来概括形容，第一个“一”是指一个行业——陶瓷制造；“二”是指服务过两家企业，第一家陶瓷厂我只工作了半年多，之后便进入蒙娜丽莎（包括其前身的樵东陶瓷厂）一干就是 29 年；最后一个“一”的意思是说我在佛山这座城市一晃眼就生活了 30 年。这种比较单一的经历在我们陶瓷行业其实是非常少见的，这与我内心的执着分不开。我一旦认定的事，就不会轻易更改，所以尽管我也遇到过很多的机会和诱惑，但我始终没有离开过这个行业，没有离开过佛山。

我曾经参加一个采访节目，主持人在得知我这些经历后，问我是否后悔，我还清楚地记得自己当时的回答：“我不后悔，如果有来生，我仍然会选择火与土的艺术——陶瓷。”我之所以具有这种执着专注的品性，与母亲从小对我的教育有关，同时母亲本身就是一个十分坚强和执着的人。她经常提醒我：“做事也好、画画也好，都不能这么三心二意，必须把一件做完了再去做另外一件事。”我觉得自己能在这个行业坚守这么久，没有跳槽离开，既跟我学习画画需要专注有关，更离不开母亲对我的教诲。

邻里和睦，亲如一家

改革开放后，我们总算与台湾的外公建立了联系。外公、外婆对自己在大陆的子女都深怀愧疚之情，特别是对我那境遇坎坷的母亲心疼不已。为了尽可能弥补自己的女儿，外公、外婆不断从台湾给我们寄东西，包括彩色电视机、冰箱等大型电器，这在当时可价值不菲。有了这些电器之后，我们家的生活条件一下子就优越起来，但我们没有因为自家有亲戚在台湾就变得高傲，而是一如既往地跟左邻右舍保持着和谐融洽的关系。

我们和邻居之间的关系用亲如一家形容也丝毫不为过。这一点从称呼就能看出来。我们几兄妹都是跟着邻居家的孩子一起称呼其他长辈的，比如他们叫自己的爸爸、妈妈，我们就带着姓叫某爸爸、某妈妈，他们也会跟着我们叫我父母张爸爸、张妈妈。我们住的是那种大排屋，几户人家的房子直接连在一起，大家开门共对一个场院，大家经常在场院里坐着拉家常、谈天说地，所以彼此之间关系非常好。一到晚上，如果没有下雨，我们就会把电视机摆到院子里跟其他邻居一起热热闹闹看节目，就像一家人一样。我们家的冰箱也几乎成了邻居们的公用电器，有时候大家吃不完的菜就会放到我们家冰箱来。

在这种良好的邻里氛围中长大，不仅能从父母身上学到真诚待人的珍贵品质，更让我感受到社会的温暖、体会到分享的重要性、理解到人与人之间彼此帮扶的必要性。也正是这些淳朴善良的邻居，在我们家遭遇困难时没有冷眼相待，在我们家条件变好后没有生分，他们用一颗温热善良的心为我生动诠释了什么叫作远亲不如近邻，我也很庆幸自己能够在一个这样充满关爱的环境中生活和成长。

传承家风：唯有大爱，方成久远

企业就是一个大家庭，企业文化就类似于家风文化。一个企业只有营造成充满温暖、充满爱的大家庭，未来方能行稳致远。

关爱员工，企业之责

企业在社会中得以生存，只有服务于社会才能行稳致远，良好的企业文化中必然要包含主动回馈社会的理念，所以任何一个成功企业都会把慈善公益视作自身当仁不让的责任之一。我从爷爷经营药铺、奶奶救死扶伤的事迹中也能感悟出这些道理，父母的言传身教更是让我觉得人活着不能只顾自己利益，特别是当自己有一定能力之后应该去帮助更多有需要的人，把善良传递下去，这样的人生才更有意义。

作为企业的经营者之一，我认为企业最大的慈善应该从善待员工开始，着眼于员工的基本福利，比如一日三餐要搞好、居住条件要改善、保证待遇不低于同行平均水平等。所以我们公司在进行旧楼改造的时候，总是把修缮员工宿舍、提升员工工作环境作为优先选项，即便公司账目上有20多个亿的资金，拿出几个亿来为管理层修建一栋办公大楼也完全没问题。但是我们董事会一致认为，还是要居安思危，因为整个集团员工有近7000人，一个月发工资就要好几千万，必须要对这些员工负责，时刻保持资金链的稳定。当资金紧张的时候，最能考验一个企业的良心和诚信。对我们而言，这个月度必须支出的款项我们即便没有这么多钱也要想尽一切办法按时支出，守住公司的信誉和底线。因为对于员工而言，一个月的工资很可能就是他们家庭当月赖以生存的收入，所以必须按时足额发放。多年以来，我们董事会成员和高管们工资的发放顺序始终排在基层员工之后。

2020年疫情袭来的时候，许多公司都因为资金紧张，无法正常复工复产，而蒙娜丽莎作为全行业为数不多几家最早复工复产的企业，正是因为公司账面上留了足够的资金。所以即便工程款和经销商欠款两三个月收不回，我们也能够保障所有生产线正常运转，让员工们安心工作，不用担心没了收入和失业问题。其实道理很简单，每个员工背后就是一个家庭，善待他们就是善待一个家庭，有千千万万个家庭的幸福，社会就会和谐、国家就会祥和。

福泽周边，企业之爱

既然企业安家落户在当地，那么，企业生产基地周边的居民也就是我们的邻居和家人，所以我们会积极帮扶周边的那些孤寡老人和困难群众。蒙娜丽莎集团现在共有4个生产基地，每到逢年过节，公司就会采购一些粮油米面、点心水果等生活必需品，以及准备一些慰问金去看望周边的困难家庭。我们将这项任务视作是公司的职责之一，所以董事会对此很重视，每次都由公司党支部、工会、妇联等部门负责组织，联合总裁办、后勤中心等其他部门，派出专人队伍在一两天之内及时把温暖送到这些家人手中。

同时，企业对周边地区的发展也应该起到带动和辐射作用，蒙娜丽莎公司的总部设在佛山西樵镇，我们对公司周围的一些村组、社区都会提供力所能及的帮助。比如大家一起搞一些联谊活动，由公司提供若干奖品，举办篮球赛、足球赛等，以此来丰富居民的精神文化生活；当地政府有什么事项需要赞助的，我们也都大力支持，比如由佛山南海工商联发起的南商教育基金，致力于奖励当地优秀教师和帮助困难教师。我们深知教育的重要性，觉得这是一件很有意义的事情，所以积极参与，多年来已经累计捐赠了150多万元现金。

2020年初，正值抗击疫情非常关键的时候，我们了解到西樵镇政府春节期间都没放假，特别是党政机关、公安、医院这些单位始终坚守在抗疫第一线，我们深受感动。在得知他们缺乏口罩、消毒水这些防疫物资的情况后，蒙娜丽莎仓库中正好还有这些物品，虽然公司员工已经全部放假回家过年了，但我们还是紧急安排人手回来清点库存，将价值8万多元的防疫物资送到了政府手上，以解燃眉之急，这也算是我们为当地抗击疫情贡献的绵薄之力。

回馈社会，幸福之源

承担相应的社会责任是企业实现长远发展的应有之义。每当重大灾难来袭之际，蒙娜丽莎都会立即做出反应，向灾区捐赠最急需的各类现金和物资。比如汶川地震发生后，坦白来说我们可以捐瓷砖过去，因为灾后重建的时候肯定需要用到瓷砖，但这并不是他们当时最急需的物资，所以我们即便有大量的瓷砖库存，仍然在第一时间捐出100万元现金。包括2020年武汉疫情、2021年河南水灾我们都分别直接捐赠了200万元和100万元。

蒙娜丽莎一路走来，在公益方面从未停下脚步，在西藏、新疆、青海、宁夏等地区都有我们与万科集团合作投资建设的希望小学。2021年，在中国共产党的领导下，中国人民彻底打赢脱贫攻坚战，全面建成小康社会，创造了又一个彪炳史册的人间奇迹。蒙娜丽莎公司也有幸参与到这场伟大的战役之中，贡献了自己的一份力量。

公司与碧桂园合作，每年采购上百头由贫困地区饲养的羊，然后把羊肉当作福利分给公司全体员工。我认为这是一种互利双赢的模式，一方面提高了员工的福利待遇，另一方面也有助于贫困地区通过发展产业实现脱贫。蒙娜丽莎一直坚持这种模式，与许多贫困地区建立了一对一帮扶关系，采购他们的扶贫农产品，然后再分给员工。

在坚持绿色发展、建设美丽中国的背景下，蒙娜丽莎公司也及时将“在美化建筑空间和生活空间的应用领域，成为资源节约型、环境友好型领军企业”作为企业的发展愿景。众所周知，传统陶瓷工业的污染性极高，我们过去也戴着“三高”的帽子。但在现行环保政策下,我们不管其他同行怎么去做，蒙娜丽莎会首先做好自己，把自己的节能、减排、清洁生产、绿色低碳做成行业标杆。

在公司全体员工的努力下，蒙娜丽莎是佛山市迄今为止唯一六连冠拿到环保诚信绿牌的企业，同时也是行业内首批（仅两家）国家级绿色工厂示范单位之一。企业能够尽量减少能耗、降低污染，在我看来这也是慈善，因为环保事业是功在当代、利在千秋、造福子孙后代的事情。

和谐幸福大家庭

结语

修德行以正家风，铸家风以传后世。家风作为一个家族代代相传沿袭下来的家族文化风格，如无形之风，无声之乐，在潜移默化中影响着家族中的每一个成员，为家族创造出和谐、友好、文明、积极的氛围，为家族经久不衰提供精神保障。在良好家风的熏陶下，我们能够把这份善良内化于心、外化于行，做善事、行善举、传善念，让爱感染更多的人，为社会带来温暖与光明。

第六章　最好的家风，是父母言传身教

陈元芬口述，黄钟贤撰稿

陈元芬，女，出生于1969年12月，云南省玉溪市通海县人；毕业于云南师范大学中文专业、中央党校经济管理专业；诗人、民营企业家、《云南省首届书法家理事作品集》编辑、博鳌儒商祭孔大典组委会主席、国家非物质文化遗产通海女子洞经音乐创始组织策划人、新中国第一批执证国家中英文高级导游。博鳌儒商论坛执行副理事长、2019年博鳌儒商榜杰出人物、云南碧成建设项目管理有限公司、云南藏毅文化传播有限公司董事长、诗书旗袍、诗书女红、诗书旗袍爱心驿站、云茶香醋小作坊、其叶茶醋创始人。

我叫陈元芬。我认为，家风是用身边人、身边事来教育人、引导人、激励人，能在细微之处，潜移默化地影响人，是一种潜在无形的力量。希望通过本次采访，能让更多的人真正了解家风的力量、注重家风的力量，让家风的力量为社会和国家的发展助一臂之力。

我的父亲：弘毅宽厚，与人为善

父亲与我

我的父亲是一名中国共产党党员，信仰马列主义、唯物主义，无宗教信仰，但他非常尊重宗教人士。曾经有两位出家人到家里做客，父亲对他们说："我是共产党员，信仰马列主义、唯物主义，无宗教信仰，但我尊重宗教人士。我将亲自为你们做一道素菜，以表示我作为一个共产党人对你们的尊重。"听完这番话，两位出家人肃然起敬——父亲虽然无宗教信仰，但能尊重别人的宗教信仰、不排斥信仰宗教的人，且与宗教人士相处时，仍能保持自己。我觉得这与儒家思想的"和而不同"有异曲同工之妙，父亲的待人处事对我产生了较大影响。我虽然无宗教信仰，但工作后，也与宗教界人士有文化层面的往来，时常会采访他们、看望他们、拜读他们的经典书籍，了解他们"与人为善"等价值观念，真正地做到了互相尊重，和平相处。

乐观与诗词，读书与人生

20 世纪的全家福

新儒商家风（下册）

我的成长经历和家庭教育，在很大程度上影响了我的兴趣爱好和生活方式，甚至塑造了我为人处世的风格，陶冶了我的人格修养、性情情操。我出生于20世纪60年代末，与其他孩子一样丧失了进学校读书的机会，因此，家庭教育对我而言非常重要。现在回想起来，是家庭教会了我读书与做事；我的价值取向、是非观念，也深受家庭的影响。

家庭给了我很好地面对不幸人生、坎坷经历的成长环境，尤其是我父亲，他那乐观、坚强的品质深深地影响了我。孩童时，我同其他孩子一样经历了许多磨难与挫折，但似乎没人能看得出我曾有过这不幸和坎坷的经历，相反，不少人认为我是在“蜜罐子”里泡大的。正是因为父亲那种对生活积极乐观、坚强的态度，让我在孩童时感到很快乐，没有感到不幸、痛苦。我想，这是一种别人从未曾有过的体验。

20世纪六七十年代，父亲遭遇挫折，母亲带着我到云南一个偏远的山寨生活。这里没有学校、老师，也没有让女孩子去读书识字的家庭。但我父母，尤其是父亲，没有重男轻女的思想，而是在家里教我读书识字，让我接受了很好的教育。20世纪70年代中期，国家允许广大青少年通过参加升学考试进入中学。在家人的支持和鼓励下，我参加了升学考试，并得以进校读书。我至今还记得，我是当地第一个考上中学的女孩子，因此被称为“女秀才”。

孩童时，我身边的同龄人都去干活、劳动补助家庭，从而改善家庭生活。我曾经也有此想法，但父亲用非常严厉的语气训诫我：“万般皆下品，唯有读书高。”这句话让我克服了很多困难，战胜了很多诱惑，坚持每天走很远的路去镇上读书。后来，由于特殊原因，我再也无法到学校里继续学习，但读书这个习惯一直保持到现在。父亲曾语重心长地说：“当你遇到困难的时候，最好的朋友、最大的力量、最好的老师就是书了。”

我祖上一直很注重私塾教育，父亲也念了私塾，而我家私塾教育与其他家庭相比，有一个大的不同：“姑娘家”也须念私塾。当时家里的条件只允许一个孩子去读书，哥哥选择工作，因此我有机会进私塾读书。当时，很多人都劝我父母：“一个姑娘家读什么书呀，这不是帮别人家培养吗，她迟早都要嫁人的！”父亲则理直气壮地反驳道：“正是因为女孩子要嫁人，因此更需要读书、好好培养，决不能给家族丢人。”

20 世纪六七十年代，读书的人不多，整个社会几乎都认为“读书人是臭老九”，工作赚钱才是第一要务。在这种社会背景下，父亲能坚定地指出“万般皆下品，唯有读书高”实属不易。父亲除了进私塾读书，工作后也曾去党校进修，虽然学历不高，但很爱读书。父亲很喜欢诗词，尤其是毛泽东的诗词。家里也有很多藏书，营造了浓郁的家庭读书氛围。父亲健在时，每逢春节团圆饭后，都会召开“家庭三国文化研讨会”，一家人都会围绕《三国演义》畅所欲言。

小时候，不知道母亲从哪里找到一本很旧的古诗词并让我背诵。放牛时，我就掏出古诗词背诵。有一次在放鹅时，母亲让我背诵骆宾王的《咏鹅》，我边背边看身边的大鹅，越发觉得生活真的很美。母亲认为：只要一个人心中有诗，外部环境不会改变他的内心世界。20 世纪 70 年代后期，当我再次见到父亲时已长大，我在他的脸上读不到任何不幸或者曾经有过不幸的经历。他对我们说，虽然有过这段经历，但他对社会没有任何埋怨。我问了缘由，父亲的回答让我很受震惊：“因为我心中有诗词！当一个人的心里装满了诗词时，他就没有任何迈不过的坎。”

受父母影响，直到今天，我都在坚持写诗词、写文章。至今，我已著有上千篇古体诗词、现代诗词、散文、新闻报道、学术论文，在国家级、省级刊物发表并多次获奖。与此同时，我也经常应邀到大学、国企、民族乡村做公益讲座宣讲国学、文化调研；出席许多重要的国际学术研讨会和国际领袖洽谈会，得到世界各国政界、学术界、企业界各级领导的会见和鼓励。但我从未参加任何“诗词大赛”“诗词会”等，我写诗词的初衷很简单——为生活添一份诗意。我想，等以后不再有精力创作诗词时，我会把已经写出的诗词汇总成诗词集。女儿曾笑着说：“以后我的孩子读到的第一本诗词集，就是外婆的诗词集，我要让他们知道，外婆的这一生是很有诗意的一生！”

儿孙满堂，一家人在一起的幸福

父母很重视诗词，认为最应该重视的传统文化是“诗”和“礼”，我想，应是受儒家的“诗礼传家”文化的影响。当我不得志、不如意时，父亲会用诗仙李白的“天生我材必有用”“仰天大笑出门去，我辈岂是蓬蒿人”勉励我；当我遇到困难、挫折时，会想起毛泽东主席励志的诗词。我也教导我的孩子要“多读诗，多写诗，学会诗意地看待人生，把开心的不开心的，都诗意地记录下来”。有朋友笑着对我说：“元芬哪，你可要一直写下去，从一个当代女企业家的角度写出诗化的民族精神，写出如诗意般的企业精神，要让别人尤其是外国企业家看到，中国一个偏远地区的女企业家也能过如此诗意般的生活！”我想，在未来，我依旧会笔耕不辍，坚持诗词创作，坚定不移地致敬儒商、追随儒商；弘扬儒商精神、诗化的企业精神，使自己成为一个有家国情怀的企业家，做一个文化自信、民族自信的践行者。

带着 93 岁的父亲去他 70 年前曾经工作过的边疆地区感受新时代变化

劳动最光荣，劳动治百病

“万般皆下品，唯有读书高”是我小时候读书时，父亲经常嘱咐我的话。时光荏苒，一晃十几年光阴稍纵即逝，我长大了，父亲老了，这时候他嘱咐我的却又是另外一番话：“劳动最光荣，劳动治百病，劳动是最好的医生，劳动是最好的老师。”我哭笑不得，反问父亲：“怎么小时候对我说‘万般皆下品，唯有读书高’，现在我长大了，你却改成‘劳动最光荣，劳动治百病，劳动是最好的医生，劳动是最好的老师’。”他解释道，该读书的年龄则唯有读书高，现在到了该劳动的年龄则劳动最光荣。听完他的解释，我觉得父亲是一位有智慧、懂教育的好父亲。

父亲是一名劳动模范，除了“劳动模范”这个头衔外，他还有其他头衔，但他一直认为，“劳动模范”是他最光荣的一个头衔。每次节假日，如在清明节、中秋节的家庭聚会上，父亲都会很自豪地跟我们讲起“劳动模范”这个头衔，认为作为一名“劳动模范”是他这辈子最光荣的事情。

父亲这种“劳动最光荣”的教育理念深刻地影响了整个家庭。在这种理念的指导下，无论做什么工作、承担什么任务，我们都会感到很快乐。在我女儿出国留学时，父亲认真地嘱咐她：“希望你也能像外公一样做劳模。”这种言传身教于我而言是一笔巨大的精神财富，在父亲过世后，我想，“劳动最光荣、奋斗最幸福”的理念，是我得到的最大的一笔精神遗产，它将一直陪伴着我，也陪伴着整个家庭。

很多人看到我经常写诗，却又在整天劳动，认为一个诗人天天穿着旗袍劳动，“雅俗不分”“不成体统”，但我觉得很快乐。我以劳动为乐，无论是做家务或者是工作上的任务，我都很享受劳动的感觉。父亲因“文革”留下病根，但他坚持劳动，天天上课练书法、帮别人写对联，坚持自己照顾自己，一直活到 93 岁高龄。我想，这与他所说的“劳动是最好的医生，劳动治百病”一定有密切的关系。

身体健康，革命本钱

父亲认为身体健康很重要，经常语重心长地对我们说："身体是革命最大的本钱，你必须要保持一个健康的身心，这是你一生最大的本钱。什么都没有了并不怕，可怕的是你身体出现了毛病。"他一直给我们灌输"身体是革命最大的本钱"的思想，因此，全家人都很注重身体健康，整个大家族都不会参与不利于身心健康的活动。父亲曾反复强调，制作的食品一定要对身体无害，绝不能有害于别人的身心健康、有害于自己的身心健康。因此，我们生产的产品——无论是生产出来自己使用、送给亲戚朋友，还是投入市场售卖，都会主动出资送去食品检测中心检测，确保无任何食品安全问题。例如，我制作的酿茶醋，在馈赠好友或者举办会议时让与会人士品尝前，都会严格进行食品安全检测。我父亲认为："如果你自己轻视自己的身心健康，就是在毁掉自己最大的革命本钱；你给了别人不利于身心健康的东西，就是在毁掉别人最大的革命本钱，这些都是罪大恶极的行为。"

平等博爱，自强不息

我时常在想，我们在校园里学习的专业知识固然很重要，但家庭教育也不可或缺，特别是因各种原因无法去学校接受教育时，家风的力量、家庭教育的力量绝不可低估。当我踏入社会工作、经营企业时，更能深刻地感受到家风力量的作用。

我虽然是中文师范专业毕业的，但"风马牛不相及"地创办了企业，这与我父母的教育理念有着密切的关系，父母从来没有看不起"干企业的人"——在过去叫"做生意的人"的思想。小时候，社会上普遍存在一种看不起"生意人"的观念，但我父母没有，相反，他们对这些人很尊重。父亲常说"三百六十行，行行出状元"，教导我们职业没有高低贵贱之分。有一次，父母带着我去街上小摊上买豆末糖。来到摊位前，父亲对我说："他们很厉害，有自强不息的精神，做豆末糖卖养活自己。"这是一个非常好的家庭教育案例，让我知道学历和工作岗位无绝对的关系，不能"以学历论岗位"。我祖上也是做生意、经营小作坊，虽然他们也是“生意人”,但很爱读书,是有文化的商人,这也充分地体现了“儒商”精神——做有文化、有修养、自强不息的商人。

我很认同父亲的“职业平等观”“平等心”的理念，值得我一辈子践行。出于修身养性、培育兴趣爱好的需要，父亲退休后报名参加了书法班，在班级里，既有身份地位高的同学，也有身份地位较低但对书法有浓厚的兴趣的同学，父亲对他们均一视同仁。全班同学写给他的字，无论身份地位高低，父亲都会装裱起来做纪念。有一次，父亲让我代表他邀请全班同学一起吃饭，他要求全班40多位同学都要收到邀请,不允许存在“只请身份地位高的同学”的情况。我尊重了他的意愿，帮他邀请了全部同学们一起吃饭，同时也感谢他们陪伴我父亲一起练习书法。后来，父亲的同学们都对我说，我父亲很令人尊重，认为他是一个非常有“平等心”的人。

我一直默默地帮助一批弱势群体，多年来一直坚持对他们进行技能、文化艺术公益培训；支持他们参加国家举办的各种大赛并获殊荣；帮助他们就业；同时出资筹建残疾人就业示范基地。曾有朋友对我说：“元芬哪，没想到你同残疾人士也能打成一片！”我想，这是受父亲“平等心”观念的结果，只要我们有“平等心”的理念，就不会看不起弱势群体，而是更切身处地理解、关爱他们。我从来不报道自己帮助过多少残疾人，也从来没有在他们面前说起“残疾人”这三个字，以至于我有时竟也忘了他们是残疾人士。我想，我们要学会看到他们的优点，“择优而交”，即选择与他们交往是选择了他们的优点。残疾人自强不息的精神很值得我学习，他们是我学习的榜样。

勇担使命，乐观进取

父亲经常对我们说：“要了解一个人对社会、国家是否有责任、有担当，可以从他对家庭的态度做出判断。”他解释道，若一个人在家庭里敢于担当，在社会上他也能有所作为，敢于担当；如果在家庭里毫无担当、毫无责任，这个人绝不能挑起时代大梁，肩负国家使命。父亲认为，没有任何一位爱国英雄是嫌弃父母贫穷、嫌弃父母没有文化、不孝敬父母的；只有不嫌弃自己的父母，才会不嫌弃自己的祖国。这些都是很朴实的教育理念，我们做子女的都非常容易理解，父亲也一直培养我们勇于承担家庭责任的意识和爱父母的感情。

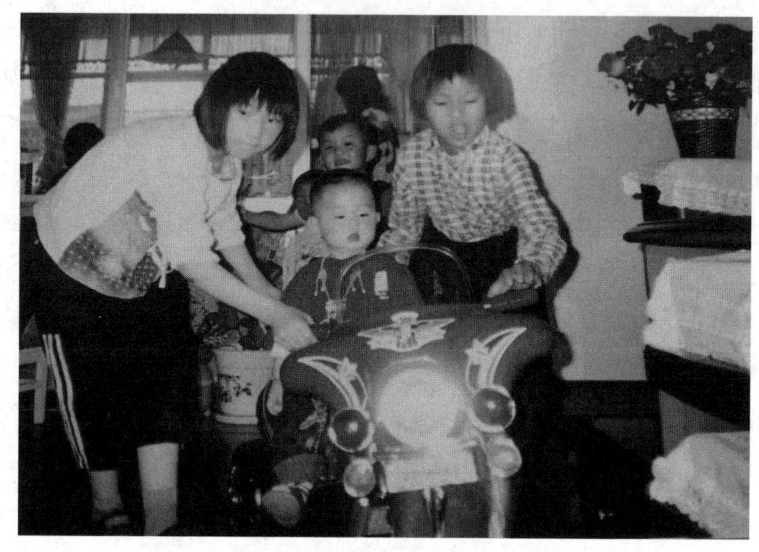

我女儿小时候带着其他弟妹玩耍

我父亲认为："金山银山不如教子有方，培养一个优秀的传承人胜过拥有金山银山。"孩子受我影响，就读的专业是建筑学，而我公司的主营业务是建筑设计，以后这部分工作，我孩子会逐步承担。我想，这也是传承的一种体现。父母认为，好的东西就应该把它传承下去，传承美好的事物也是对社会的一种贡献，并非一定要赚很多钱才能做出贡献；把优秀传统的工艺、非物质文化遗产传承下去，对家庭、对社会、对国家也是一种很大的贡献。我家之所以能够一代一代地传承传统工艺，与父亲的乐观精神有着密不可分的关系。他认为，无论我们做什么工作，都要"乐在其中"，孩子看到我们如此热爱这份工作、如此快乐地工作，他们自然而然也会很乐意接触、学习、爱上这份工作。现在社会有一个怪现象：父母当医生的孩子不愿意当医生，父母当教师的孩子不愿意当教师。父亲曾跟我探讨过这个怪现象，他最后总结道："我们一定要让孩子们看到自己的乐观的工作精神和工作态度，让他们从工作中看到快乐，不能整天抱怨，抱怨则是在害我们的孩子，使他们无法感受到这份工作的快乐，当他们参与其中时，则会无时无刻不感觉到痛苦。"

我的母亲：真善与忠贞

我母亲很重视中华民族传统美德。母亲和姑妈从小教导我们要有一颗真诚、美好和善良的心。她们认为，真诚、美好和善良是世上最美的风景。

追求真善美

衣着朴素、不允许化妆是小时候读书时母亲对我的要求，她认为"真、善"才是最美的，尤其是在庄严的场合，不允许出现不庄重的表现或者动作。母亲一直强调，女孩子永远不要把外表作为资本，一定要不断地自立自强，不断努力提高自己，不断追求"真、善、美"。

母亲经常把"天高不能压太阳，儿大不能压爹娘"这句话挂在嘴边，俨然成为她的口头禅，充溢着她"百善孝为先"的理念。我想，这种教育理念的本质依然还是"诗礼传家"。母亲认为，子女的能力再强，也不能压制父母或与父母比高低；但子女的知识文化和品格修养一定要超过父母。受此影响，直到今天，我和我的家人都很尊重长辈。父母经常对我说："要尊重三种人——比你年长的、学识比你高的、地位比你高的。"父母也经常教导我，判断一个人是否知书达礼，可看他对长辈是否有恭敬心，对人是否有恭敬心。由于我在长辈面前都没有表现出狂妄自傲的姿态行为，以致很多人都认为我是没有受过较高教育的人——没有"墨水"因此不敢故作姿态。

在婆婆家四代同乐（右起：婆婆、奶奶、女儿）

“穷亲戚要认，赖庄稼要收。”这句话也是母亲的口头禅。母亲解释道，我们在田地里种庄稼时，有长势好的也有长势不好的，长势不好的庄稼也要收，不能把它烂在地里；亲戚是有血缘关系的，不能因为亲戚贫穷而拒绝与他们往来。在新春佳节，家乡有“请春客”的传统风俗，受母亲影响，我没有因为哪家亲戚贫穷就不请哪家，相反，相对贫穷的亲戚我还多请了他们。

我身边不少人成家后，在婚姻方面多少有些摩擦、矛盾，导致婚姻方面出现一些问题。在婚姻方面，母亲给了我最好的教育。她教导我，越是在对方落难的时候，越不能抛弃对方，而是要去帮助他，去扶持他。这些婚姻观念展现出母亲有一颗非常善良的心，这也影响了整个家族。我的家族是一个大家族，父亲有 9 个兄弟姐妹，逢年过节拜访的亲戚非常多，但整个家族没有离婚的。

清明节与父亲、姑姑、叔叔小聚

忠贞于爱情

母亲对爱情忠贞不渝的精神也很值得我学习。母亲比父亲小 10 岁，在父亲遭受挫折的时候她很年轻，不仅要一个人独自撑起这个家，还要肩负起培养、教育孩子们的重任。当时，很多人都说父亲是坏人，是特务，甚至是杀人犯、劳改犯，唯有母亲坚持父亲是好人。母亲对爱人的那种坚定、那种忠诚深深地刻在我的脑海里。母亲是很伟大的，一位普通妇女能对自己的爱人有如此坚定的信念，尤其在那个“人云亦云”“是非颠倒”的年代。我认为，一个人是否伟大、是否值得尊敬，不一定非要通过“丰功伟绩”来体现，反而越平凡的事情越能体现出来。整个家族,包括母亲的兄弟姐妹都很尊重母亲。现在，我终于明白为什么母亲过世时父亲悲痛不已。

我这辈子最难忘的事，是父亲晚年拉着我的手对我说：“爸爸这辈子经历了很多，有些经历连累了你母亲，让她受了很多委屈，尤其是你出生时我不在你母亲身边。”我出生时，父亲不在母亲身边。为了告知父亲此消息，母亲悄悄地把我出生的信息绣在衣服的暗兜里，再把这件衣服送给监狱里的父亲。父亲总是觉得他的经历给我们带来了很多不幸，但令他最欣慰的是这些不幸的经历都没有影响我的健康成长。听完父亲的这番话，联系他对自己一生的总结，可以看到父亲最终还是以孩子们成长的结果评价他的经历，评价他的人生是幸还是不幸。

母亲去世的时候，父亲异常悲伤，他喃喃自语道：“你母亲今年走，我可能明年就走了。”“你母亲还没花完我这辈子的储蓄，还没好好享福啊。”听了父亲的话，我深深地感受到他们老一辈人的高尚、淳朴的感情。父亲总是认为母亲跟着他受了很多苦，他还没有尽力让母亲好好享福，或许母亲花完他的积蓄是对他最好的安慰。我安慰父亲道：“母亲很幸福快乐，临终前还对我说您对她是多么好。”

我也能深深地感受到父母那忠贞不渝爱情的魅力。母亲弥留之际还在梳理着父亲对她的好：父亲哪怕只有一点儿退休工资，也会拿着这点儿退休工资为母亲做一些事情。母亲常常以父亲为豪，父母那忠贞不渝的爱情也让子女们产生了对美好婚姻的向往，我们都以父母有如此爱情感到骄傲和自豪。

父亲临终时说，他要做的事情都已经做完了，即将跟我母亲见面，希望我们能把他和母亲安葬在一起。我永远无法忘记父亲的这句话，让人泪流满面，让人产生对美好的爱情、婚姻、家庭的憧憬。有次家庭聚餐，我对全家人说："父母给我们留下的存款和房产都是微乎其微的，他们那忠贞不渝、淳朴的爱情才是我们的一大笔财富！"大家深表赞同。虽然父母已经过世，但在清明节等一些重要的节假日，子女们总能感受到父母的召唤，召唤我们一起回家，相聚一起，祭祀他们；我女儿有时在国外无法回来，也会通过网络视频线上祭祀。

家风的传承：严于律己，弘扬正能量

父母是自我之本源，家风传承、家庭教育的经验，我认为最重要的是要严以律己，做好自己，不能总是对孩子们提出较高的要求和期待。

做好自己

有不少父母尤其是年轻的父母经常对我说："元芬哪，哪天我把我家孩子带过来您给教导教导？"我心生困惑，我认为，最应该听我教导的，是父母本人而非孩子们。我父母很少刻意地跟我大谈特谈人生大道理，很多优秀的品质都是我在他们身上"读"出来的。尤其是母亲，她从来没有说过她有着坚定的信念和对父亲忠贞不渝的爱情，她可能连"忠贞"两个字都不会写，"坚定的信念"是什么含义也不知道，但她做到了，而且我也能够在她身上读出来。可见，做好自己比任何苦口婆心的教育灌输更重要。我孩子当年考上当地最好的重点中学，而后海外留学 7 年才回上海工作，因此我们很少有机会见面。我的工作很忙，连督促孩子做作业的时间、陪他一起背书的时间、做完作业签字的时间都没有。但我和其他人都能感受到、都能看到我孩子身上有我许多优秀的品质。我想，这也是孩子在我身上"读"出来的。

无私奉献

我们在培养、教育孩子时，不能太过于自私，要有无私、博大的胸怀。有部分父母经常对孩子说：“我今天这么努力供你读书，是为了让你出人头地，以后找到好工作，有更高的工资回报我。”我认为，这种教育理念的格调很低，不利于孩子的健康成长。有些孩子长大成人明白事理后，出现了不喜欢、不尊重、不孝敬父母的情况，哪怕父母付出了很多，原因在于父母做了不值得让孩子喜欢和尊重的事情。因此，父母在教育孩子时，要有一颗利他、无私的心，要有较高的格局，才能取得良好的教育效果。

我会把做过的一些有意义的事情告诉孩子，通过这样的方式把家风的力量传给他们。当我下定决心要帮助残疾人士建造一个爱心驿站，教他们书法和绘画、学手工刺绣时，把这个想法告诉了在国外留学的女儿，她很认可、支持我。女儿回国的第一站，就是我建造的爱心驿站。后来，爱心驿站的残疾人对我说，我女儿对他们非常友好，看到我的女儿仿佛看到了我一般。

我会把创作的诗词发给女儿鉴赏。虽然我们母女见面的次数较少、时间较短，但我创作的诗词和文章会第一时间发给女儿，女儿创作的诗词和文章也会第一时间发给我。在读诗和文章的过程中，我们交流了是非观念和思想感情。我女儿会认为，创作的诗词和文章表达的思想感情一定要是正能量的，否则无法通过母亲的这一关，我亦如此。无形中，我们创作的诗词和文章已经成为彼此的“良师益友”，起到互相监督的作用。

祖上有一个传统酿制茶醋的古方传给了我，这酿制茶醋的古方原来只是我自家用，但父亲在过世时，希望由“自家用”变为“大家用”，把这酿制茶醋的古方发扬光大。我对女儿说：“祖上这酿制茶醋的古方一代人只传承一个人，这一代传给了我，我有责任把它完好地传承下去并发扬光大，我需要有助手，你愿意协助我吗？”女儿非常愿意，她认为这是一件非常有意义的事情。女儿看到我除了经营公司，还用休息时间回家撰稿、研发酿制茶醋的古方，她自然而然也会以高度的责任感和使命感参与这项任务。在家庭教育中，父母最好做一些正能量、有意义的事情，同时让孩子力所能及地参与其中，乐在其中，让孩子们也能感受传播正能量的快乐。父母最好不要一味地指教孩子如何做事，甚至有的父母还指责孩子不帮助父母、不按父母的想法走，这样的家庭教育效果是很差的。

民主氛围

父母应该重视营造民主的家庭氛围。我女儿长大后对我说，不愿意回云南，打算在外省工作，我表示尊重她的选择。有一些朋友劝我叫孩子回家继承家业，还担心我把她送到国外读书后再也不会回来。我反驳道："我成长在一个非常民主的家庭，我的父母很民主，我也要像我的父母一样民主。我尊重孩子的选择，无论孩子在哪里工作、生活，只要对社会、国家无害，有利于社会、国家，我都会全力以赴支持孩子，以实现其梦想，绝不能为了陪我而要求孩子回家，这是不对的。"

良好的家庭教育还要求父母有平等的博爱之心。在我的记忆中，当家庭发生矛盾时，父母从未指责他人，而是自己批评自己；日常生活中会主动寻找对方的优点，称赞对方。我认为，在以前那个年代，"男女平等"是我父母最伟大的思想观念，他们不认可"讨媳妇""嫁女儿"这种传统说法，认为两个人结婚是因为相亲相爱；而且分给孩子们的家产是儿子和女儿平均分的，不存在只分给儿子或者多分给儿子的情况。在当时，父母的想法和做法都很伟大。

因此，我们不能怀着一颗自私的心去教育孩子，否则，我们的孩子会变得越来越自私，做事情越来越没有章法，或者跟父母对着干。父母首先要教育自己，做好自己，每一个想法、每做一件事都要反省自己这个想法、做的这件事情是自私的还是无私的，是正能量的还是负能量的，这对家庭教育和家风的建设都是至关重要的。

家风促企风

企业就是一个大家庭，好的企业也一样要有如好家风这样的好风气，才有蒸蒸日上的好气象，才能接续奋斗不断做大做强做久做得有价值。

仁以待人

我的家风家训，如父母对长辈的态度、为人处世的方式、注重读书学习等观念也在一定程度上影响了我公司的企业文化。以前，有两位老人住在我家附近，他们活了一百多岁，我们全家一直称他们为“王公公”“王奶奶”。后来我才得知，这两位老人都是我家的长工，但我父母从来没有把这两位老人当作长工对待，而是当成自己的家族长辈一样去尊重。受此影响，我也带着平等心跟员工坦然相待，以家人的方式与他们相处，年龄比我大的，我称他们哥哥姐姐；而年龄比我小的，他们称为我为姐姐。有些员工的孩子在上班期间没人照顾，我不反对他们带着孩子来上班，甚至还主动让他们把孩子带来上班；我也会主动邀请员工的一家人前来参加公司的年会等重大喜庆活动。由于云南很多孩子英语学习效果欠佳，我会抽时间给员工的孩子补习英语，或者补其他的课程，基本上都了解哪个员工的孩子在哪里读书、读几年级；我也叮嘱员工们要注重培养自己的孩子、注重教育、注重家风的力量。

我注重并鼓励员工通过学习不断进步，也经常勉励他们：“无论你们做什么工作，都要树立终身学习的观念。”但凡年轻人入职，我都会要求他们参加与建筑行业相关的资格证的考试，不断追求进步。我认为，员工原地踏步不思进取，是其最差的表现；员工有进步，则是对我、对公司最好的回报；员工的孩子学习上有进步，我也感到很欣慰。

家国一体

父亲劝诫我说：“做生意不能只顾自己的个人命运，出现了坏情况也不能只考虑个人利益，一定要把个人的命运、个人的利益和社会的命运、国家的命运统一起来。”母亲属于文弱型女子，还带着孩子，20 世纪 70 年代初的生活想必更加艰苦。有时候，父亲会产生愧疚的心理，认为自己没能好好照顾母亲，但我母亲却说：“国家都很困难了，我们怎能还想着个人的小不幸呢？”母亲能有如此豁达的心态，确实很不容易。我想，如果我们都拥有这种乐观、豁达的心态，没有迈不过的坎，也能够从容地战胜生活中的暴风雨。

2018 年，云南通海地震，我和先生带着婆家、娘家人到相对安全的地方避灾

2020 年初，新冠肺炎疫情开始在中华大地肆虐，且疫情周期长，对我们企业影响很大，但我想，国家甚至整个世界都面临着巨大的挑战，这时候决不能只顾着个人、企业的小利益、小坎坷，要尽自己所能跟社会、国家一起共渡难关。不少企业家面对来势汹汹的新冠肺炎疫情，郁郁寡欢。我有一些企业家朋友，他们看到我时会很疑惑："元芬哪，怎么感觉疫情对你的影响并不是很大？"现在回想起来，我认为自己当时能有如此的心态和观念，想必是受到父母的影响。

结语

我认为营造良好家风的关键是做好自己、有一颗无私平等博爱的心、建立家庭民主与规则。真心期待人们都能重视弘扬中华好家风，让中华民族传统美德和社会主义核心价值观浸润人生底色，以实际行动培筑起社会和谐稳定、健康发展的道德根基。

第七章　家风成就我一生

孙明高口述，高顺起撰稿

孙明高，1964 年 7 月出生于山东省莱州市，管理学博士，金融学博士，经济学博士，经济学博士后、管理学博士后；国际注册管理咨询师、国家企业规划设计师、高级经济师，研究员；教授，博士生导师，博士后指导老师。鲁商联盟会常务副会长、中国齐鲁文化促进会副会长、广东省异地商会联合会执行会长、广东省山东商会常务副会长兼深圳会长、深圳市齐鲁文化研究会会长；深圳市乐天成控股集团董事长、总裁；深圳市天成投资集团董事长、总裁；中国天成大学校长；中海外交通建设有限公司首席经济学家；曾任山东新华制药股份有限公司独立董事。获“博鳌儒商杰出人物”称号。

我叫孙明高，我理解的家风，是一种无言的教育，就像一棵枝叶如盖的百年大树，子子孙孙都在它的荫庇之下，把“精气神”传送给儿女。我总结我的家风就是“道德铸家魂，善良为人本；忠厚传家久，诗书继世长”。父母就是无言的家风教科书。我非常感谢自己的父母，因为他们是我的第一任老师。虽然他们辛苦半生仅供温饱，但是他们却拥有世上最珍贵的财富……

上篇：道德铸家魂，善良为人本

家风是世代积淀、慢慢形成的，好家风的底色是道德。

有了正确的价值与信仰，才能呈现出好的德行。孔子强调“志于学”“志于道”，强调的就是人生的方向。尧舜之道、文武周公之政，正是道之所在。孔子儒家继承诗礼传统，看重的是其对德的引导功能，人在诗书礼乐的教习中启发心智，在观摩演习中得到感化，正如《乐记》所说，先王之制礼乐“将以教民平好恶，而反人道之正也”。重视诗书礼乐之教在于“善其教”，是为了导人去恶从善，使社会与政治达到更好境地。

儒家诗礼教化也以“德”为先。《乐记》说：“礼乐皆得，谓之有德。德者，得也。”对于礼乐都深有所得，称为有德。德就是在精神与理智上的完美获得。《左传·僖公二十七年》说：“诗、书，义之府也；礼、乐，德之则也。德、义，利之本也。”如果要更好地取利，就不可不讲德义！

家风就是民风，是社会道德的折射。家道就是家风，家道正就能呈现出家庭美德。家庭美德决定于家庭成员的个人品德,影响着职业道德和社会公德。我的家风，就是继承传统家教的内在精神，在家庭中铺染道德的底色，以善良为根本。

薪火相传铸家风，铭记责任勇担当

我的老家在山东莱州,父母都是普通的农民。父亲孙学连,1927 生,95 岁;母亲赵秀香 1935 生，88 岁；父母均健在，儿孙亦满堂。百岁老人生活经，良好家风代代传。

民国年间，莱州和全国很多地方一样，都处在饥饿状态，特别是我们莱州地区，十家有九家缺粮少钱，迫于无奈，父亲 18 岁就背井离乡，到地多人稀的东北谋生，无畏艰难险阻，历尽艰辛闯入了关东大地，因为当时前往关东的路途遥远，所以时人称之为“闯关东”。闯关东路途遥远，路上凶险。当时的交通十分不便，父亲和两位伯伯带着简单的行李，由家乡莱州出发，一路上风餐露宿到达烟台，再从烟台坐船渡海到沈阳；那时候的船不大，都是木头做的，随时都有被海浪掀翻的可能，渡一次海就像闯一回“鬼门关”。到达东北后，发现当地匪患严重，“本境胡匪，少或三五，多或百十成群，忽聚忽散，出没无常”。父亲千辛万苦行至，终于在铁路上找到了一份工作，用自己勤劳的双手，在遥远的东北，拼搏找寻着一家人的生活之路。

父亲闯关东精神一直激励着我敢为人先、勇于抗争。我的创业路径就像“闯关东”，即在艰苦的条件和纷繁复杂的环境面前，迸发出来的一种超前的意识、坚定的信念、顽强的勇气，敢于与命运抗争、敢于冒险、敢于尝试、敢于探索、敢于创新的伟大精神。为了求取生存，获得发展，谋求自己生存的一席之地，我像“闯关东”的父亲一样，不等不靠，不安于现状，不听天由命坐以待毙，而是开拓探索,勇于同命运进行抗争。不管路途多么遥远,不管环境如何险恶，都能想尽种种办法，冲破禁锢，通过“泛海”和冒险“闯关”进入商海，向艰险的地方闯，向有希望的地方闯，向未知的地方闯。1996 年，我正值而立之年，在济南大学刚被评为副教授，当时做出了一个在当时让所有人都震惊的决定：放弃待遇优厚稳定又有社会地位的教授身份，辞职加入天同证券投资银行管理总部。在天同证券投资银行管理总部，我凭借丰富的市场经济理论知识和脚踏实地的干劲，很快完成了由学者向投资银行专家的转变。2001年5月，满怀创业激情的我来到深圳，本着儒学“大道无形，自然天成”的价值观，遵天道，创立了深圳市天成投资集团，从此投身改革浪潮之中。当时，深圳的物流业正蓬勃兴起，我当即收购了专做海尔、海信等大型家电企业产品配送的物流公司，并斥巨资在龙岗兴建了占地面积达6.4万平方米的配送基地。与此同时，公司与北京大学、天津大学、西安交通大学等高校合作组建了天成研究所。2011年12月，我成立了深圳市乐天成控股集团。如今，集团已经发展成为大型的跨区域、跨行业、跨境的投资控股型集团公司，逐步形成了“六大产业集团、国内五大区域、国外五大区域”的战略布局。

1995年10月在北京

父亲是个勤劳、能吃苦、有担当的人。在沈阳铁路工作期间，父亲每个月省吃俭用，从微薄的薪金里挤出一些钱寄回老家以补贴家用，用以养活一家老小。后来又转到一家制作毛刷的工厂，一连干了好多年。随着爷爷奶奶年迈体衰,我们兄弟姐妹也需要照顾,父亲萌生了回家的念头。天下之道,以孝为先。为了能够多尽孝道，让父母颐养天年，父亲主动辞去了在沈阳的有不错收入的工作回到了山东莱州老家。这种孝道与仁爱的美德成为我建立企业文化的根基。

从我记事起，一年四季春夏秋冬，无论刮风下雨，父亲都是每天天不亮就起床，打扫院舍，下地干活儿，经常半夜三更才从地里回家。没有农活儿的时候他也闲不下来，在家修补农具、编织草鞋、竹筐，换钱贴补家用。正因为有了父亲的辛勤劳作和吃苦耐劳的精神，才让我们一家人的生活得以安稳。父亲这些淳朴的品性影响了我们兄弟姐妹们的一生，培养了我们对家庭的责任感并推至社会的责任感；激发了我们学习动力和持之以恒的学习毅力；也培养了我们勤奋刻苦和吃苦耐劳精神；以至于我事业的些许成功也得益于此。

2008 年全家福

父亲为人憨厚沉默寡言，虽话语不多，但很多时候都是字字珠玑。他对我们姐弟四人的谆谆教诲，就如同一张明镜或一盏明灯，在照亮我人生之路的同时，也让我能够清晰地看到自己身上的诸多不足。在父亲不多的告诫中，令我受益最多、感触最深的一句话就是："做人，就要学会有所担当，承担起自己所应承担的责任！"这句话成为我的座右铭，也成为我人生发展、企业发展的启明灯。

伟岸的父亲在我们兄弟姐妹心中一直是那个用雄健的双臂撑起一片蓝天，放飞我们梦想的那个人；是那个具有博大胸怀为我们托起一片云，实现我们理想的那个人；是那个用坚实的身躯筑起一道堤岸，让我奋进前程的那个人。在他的影响下，年少时的我便立志长大一定要有所作为。1983 年，我考上了省城的济南大学，这是当时我们那个地区那个时代很多人梦想的大学，我成功了。父母、家人、亲戚朋友都为我高兴，但是在高兴之余，又开始为我大学的学费发愁。后来，在亲戚邻居的共同努力下终于凑齐了学费，也正式开启了我的求学之路。为了节省路费，我独自一个人忐忑而期待、迷茫而兴奋，第一次离开生我养我的父母，孕育我的小村庄，步行到省城济南大学报到，开启了我的大学生活，开启了我们人生之路。大学时，我省吃俭用把生活费节省下来，用来购买书籍，如饥似渴地从书中获取养分。随着改革开放，人们的生活水平日益好转，我的两个姐姐也陆续成家立业，并经常接济我的生活开支，至今我仍心存感恩。毕业后，我在济南大学任教，开始肩负起照顾家人、为父母分忧解难的责任。从教 11 年，连续多年被评为学校的业务骨干和教学能手。在学校工作期间，为了多些收入补贴家用，同时学习更多知识，授课之余我积极参加经济科研工作，先后主编了《市场价格学》《统计学原理》《财政与金融》等教材；参与了《市场营销学》的编写工作，参编了国内贸易部的统编教材《企业定价》；并先后撰写了《合理确定折投依据》《高效率用钱高起点立项》等多篇论文，翻译了《新老凯恩斯主义》《如何在中东地区取得商业成功》两篇文章，计两万多字。1993—1996 年作为中国价格学的理事每年都参加中国价格学的理事会、年会和学术研讨会。

勤善家风代代传，厚德笃学创新篇

我的母亲是一个典型的农村妇女，她勤劳、善良、孝顺老人、疼爱孩子。母亲没有上过学，除认识自己的名字外大字不识，但是她用人世间最博大最无私的母爱默默践行着自己朴素的承诺：无论多难都要支持孩子们上学，无论再苦也要把孩子培养成人。她像天下的所有母亲一样，总是把最好吃的留给我们，总是把快乐留给我们，自己一个人独自把所有不开心的事一个人扛。母亲是父亲的贤内助，几十年如一日为这个家操劳着，像蜡烛一样照亮家庭燃烧自己。父亲闯关东年间，母亲独自在家照顾着孩子。在农村重男轻女的时代里，母亲的思想却很独立。她教育我们兄弟姐妹，男孩子要顶天立地，女孩子要有独立的能力；作为男孩子，不该做的事坚决不做，做了就敢于承担，敢于担当，无论是天塌下来，还是地陷下去，只要是该自己尽到的责任，都要挺起腰杆，承担起来，要有仁有义。男人要有胸怀，经得起风，经得起雨，能够包容就多包容，实在受不了就找个没人的地方哭一场继续干；男人要有山一样的脊梁，经得起磨难、受得起打击，只要生命还在，一切还能再来。

在经济上，父亲为我们撑起了一个家，而母亲润物细无声的爱带给了孩子们一个温暖的港湾。母亲传统持家，任劳任怨。由于父亲早年出门在外，全家的重担都落在母亲肩上，她不但要干地里的农活，还要做家务，照顾两位老人和 4 个孩子。每天天不亮，母亲就第一个起身，喂猪、喂鸡、打扫庭院，家里里里外外忙完后，天蒙蒙亮就到地里去干活，干完活再回家给我们姐弟做早餐。即使后来父亲回到家，母亲也是一年到头没完没了地忙，由于操劳过度，她的腰早早就累弯了。母亲是一个虔诚的佛教信徒，每月初一、十五的清早母亲洗漱之后的第一件事就是给家里供奉的佛像敬香。母亲的世界简简单单，只有真善美，她一生所求只是家人平平安安。我有时陪着母亲去进香，看着她虔诚跪拜仪态庄重，我都忍不住感动。

父母合影

母亲在家庭里极能任劳任怨。她性格和蔼，为人善良，每日总是乐呵呵的，我从没见过她生气的样子，也从没见过她和别人吵架拌嘴。因此，从小到大，我们家父母子女之间相处非常和睦，与家族之间的关系也很融洽。母亲同情贫苦的人，虽然自己生活也很拮据，仍然会周济和照顾比自己更穷的亲戚。母亲经常跟我们说："待人要好，做事要专心，少说话，多做事。"母亲勤劳俭朴的习惯，宽厚仁慈的品行，对我的成长有着深远的影响。母亲的善良和忍耐培养了我坚韧不拔的品格和不屈不挠的意志，使我在 30 多年的从业、创业过程中能够战胜各种困难、渡过重重难关，也一直秉承乐观、积极的态度。母亲也给了我一个强健的身体，一个勤劳的习惯，使我在繁重的工作中从没感到过劳累。

在勤善家风相传下、在父母勤劳坚韧精神的鼓舞下，工作之余，我引导企业创办了中国天成大学，并在教育培训、科研、优秀人才培养等方面做出了一些成绩，也得到社会各界的认可，先后荣获"中国杰出民办大学校长""中国最具影响力培训师""中国管理咨询与培训年度人物""天津大学优秀校友工作者”“土山中学优秀校友”等多项教育界荣誉。中国天成大学先后被评为中国教育培训公信力单位、最具影响力金融教育培训服务机构、中国企业大学创新教育示范基地等荣誉称号。

言传身教树家风，立人立志立事业

在我们所经历的那个时代，家家都很穷，我们家因为人口多，生活更加艰辛，每天吃地瓜、高粱饼，把肠胃都吃坏了，偶尔吃上一次白面馒头比过年都高兴。

最让人刻骨铭心的是我的高中时代，家里盖房子，不得不节衣缩食，最困难的时候我一个月的菜钱只有一块钱，吃的菜是从家里带来的咸菜疙瘩。那时候，我们全家一年只吃过一斤猪肉；这件事说起来难以置信，但确实如此。对于普通老百姓来说，盖一次房子扒一层皮，这话一点儿都没错。当时的生活那么困顿，父亲还要下决心盖房子，现在回想这事，当时需要多大勇气啊！他所做的一切，还不都是为了儿女们！这件事给了我一个启示，任何事情只要决心去做，再大的困难也难不倒。在我创业之初，遇到过这样那样的困难，就是靠这一理念支撑下来的。

我与父亲

创办企业以来，我一直坚持“5+2，白加黑”，全身心投入工作，企业发展迅速壮大。经过近20年的运营和发展，集团形成了强大的现代产业体系，一是基础产业，包括实体产业、幸福产业；二是支柱产业，包括信息产业、金融产业；三是先导产业，包括智慧产业、文化产业。集团将加快改造提升基础产业，深入推进支柱产业发展，着力培育先导产业，大力发展现代服务业，积极培育新业态和新商业模式，构建现代产业发展新体系。

正是因为生活的历练，以及多年的从业经验，深圳市乐天成控股集团取得了一定的成绩。乐天成控股集团的发展事迹及我的从业经验也被媒体传开来，《创新南粤》《天地真情》《华人风采》《改革与发展论坛》《鹏城骄子》《创新深圳》《特区之子》《特区人物志——深圳卷》《鹏城人物》《我和深圳四十年》等书籍、各大媒体争相报道，受到社会各界的广泛好评；我和我的企业先后被评为优秀民营企业创业家、最具商界领袖风范新粤商、百佳诚信品牌企业、深圳企业文化建设十佳单位、最具发展潜力企业、福田区年度“四强”企业等称号。

下篇：忠厚传家久，诗书继世长

“忠厚传家久，诗书继世长”是中国大多数家族推崇的经典家训之一。“忠厚传家久”是指人在品德方面的修为，强调只有忠厚才能传家。“诗书继世长”强调文化知识在家族传承中的作用。

忠厚是长久之道。“忠厚”从词的本义上讲是忠诚厚道，《后汉书·刘虞公孙赞传论》中的“刘虞守道慕名，以忠厚自牧”就是这个意思。

只有忠厚的人才会长久。悠远长久就会广博深厚，广博深厚就会高超明智，就能负载万物，悠远无穷。人效法天地之道，才能博也，厚也，高也，明也，悠也，久也。只有忠诚厚道，才能使家族、家庭兴旺发达，长久不衰。正可谓：“传家有道唯存厚，处世无奇但率真。”

诗书为安身立命之要。“诗书”不仅是一般意义上的《诗经》《尚书》、楚辞、汉赋、唐诗、宋词、元曲、散文、小说等政治文学作品，而且还指文化、知识、技术、技能、文化传统、情志等文化知识。

诗书能够开启心智，使思维能力和精神境界得到提高。诗书能陶冶情操，提高境界，提升审美情趣，达到家族、家庭的和睦与和谐，使家道久远。

“忠厚传家久，诗书继世长”，从德与智两个方面昭示了家道久远的内涵，成为家道、家训的重要内容，在建设和谐社会，弘扬社会主义价值观的今天，依然有着重要的现实意义。

2019 年全家福

家风情意在，润物细无声

家风是一种润物细无声的力量，在日常生活中潜移默化地滋润着我们的心灵，塑造着我们的品格。勤俭节约也是我们家的家风。我的父亲和爷爷都是老实厚道的农民，一辈子和黄土地打交道。从我记事时起，从耕种、田间管理到收获，从房屋建造、修整到装饰，只要是能学会的手工活，父亲和爷爷一定是自己干。弯曲的脊背、粗糙的老茧、变形的骨节就是他们“勤俭持家”最鲜明的印记。

小时候我们家穷，因为穷，我们就要想尽办法省吃俭用，比如用鸡蛋换作业本等；因为穷，衣服也是大的穿过小的穿，我上面是两个姐姐，女孩子穿过的衣服再由男孩子穿。记得上小学三年级的时候，我们家点的是煤油灯，为了节省煤油，我那时突发奇想，把修自行车师傅扔掉的小胶水盒捡回去，自己动手制作了一个可以调节光亮大小的煤油灯，每天晚上，就是这盏小小的自制煤油灯，伴我度过了小学和中学的时光。

2016 年春节期间与家人合影

父亲现已经 90 多岁了，父母和我在深圳生活，勤劳习惯了的他，总是力所能及地帮我做些家务。俗话说："身教胜于言教。"父母的一些举动，总能影响孩子。

月是故乡明，人是故乡亲。对于在外的游子来说，故乡，永远是一幅珍贵的水墨丹青画，永远是心灵依靠的温馨港湾。来深圳后，我每年都会组织一两次大型活动，组织在深圳的山东人聚在一起聊聊家常，解解乡愁。

自 2011 年起，我的企业作为主要发起单位在广州成立了广东省山东商会、广东省山东烟台商会、广东省山东青岛商会，在深圳成立了深圳市齐鲁文化研究会、深圳市中非经济促进会、深圳市旗袍行业协会等商协会组织。目前，商协会组织已经形成内引外联、合纵联横的"四梁八柱"框架体系，"四梁"即鲁商组织、文化组织、异地商会、深商组织，"八柱"即平台 + 官、产、学、研、金、行、媒；全面实施"七百工程"，建立起商网、情网、关系网，建立了政府、企业与金融界的联系，积极为企业、为政府、为产业、为社会谋实事、干实事、实干事；同时将商会的资源要素投入到“四器”当中，“四器”即孵化器、助推器、加速器、转换器，为行业发展注入不竭动力。

因为长期在商会建设、商会经营、商会创新、商会发展等方面探索，也为社会、为政府、为家乡、为会员企业服务等方面做出一定的贡献，我先后荣获中国诚信经营优秀企业家、中国年度优秀职业经理人、优秀民营企业创业家、中国名优数据库优秀企业家、中国优秀创新企业家，“新中国成立 70 周年－社会责任企业家”“博鳌儒商杰出人物”等称号。广东省山东商会多次给予我们“商会建设奉献奖”“热爱贡献奖”“返乡投资奖”等荣誉。

以诚待人，以信立身

山东人比较淳朴，受儒家文化影响较深，尊老爱幼，孝敬老人是自自然然的事情。

在一般家庭里，夫妻之间，长幼之间，难免会有摩擦，我们家人口较多但很和睦，在我记忆之中，父母是真诚做人，诚信待人的模范，我是望着父母的背影长大的……

父母和兄弟姐妹在一起

当时我们家尽管很困难，父母却爱帮助人。在村里，不管谁家遇到难事，只要父母看到，能帮忙的都会主动帮忙，他们帮人帮得真诚，根本没有功利心。母亲还经常带我去孤寡老人、贫困家庭街坊邻居家去串门，随手带去点儿吃的或者生活用品。

父母亲常告诫我们，远亲不如近邻，有个好人缘，大家彼此有个照应。因此，父母挺受人尊敬。我在济南工作的时候，父母随我住在济南，家里的亲戚邻居有时候到济南，都会顺便到家里看望老人家，他们要是回到老家更不用说，院子里每天都挤满了人。现在二老都在深圳安享晚年，身体还硬朗。

父母的美德对我影响极深，使我从小就对弱者极具有同情心，并与父母一样经常帮助别人。一直到现在，我仍旧继承和发扬这些美德，对亲人、对朋友真诚友善，而且还把它扩展到企业的经营理念中。日本经营大师松下幸之助说过，一个企业领导人的个性就是企业的个性。

我的企业，永远把“人”放在第一位，把员工的利益永远放在第一位。“真诚做人，阳光做事”是乐天成的“道德规范”；“绩效论才、人岗求适、合作制胜”是乐天成的“人力资源管理理念”；“对人要感恩，对友要善待；对己要克制，对财要珍惜，对职要尽责；用心去倾听、用心去交流、用心去感悟、用心去思考、用心去做事”是乐天成的司训。同时，我也将自己一颗真诚的心，写在企业的发展轨迹里。

企业是一门生意，既要“精明”，又要“诚信”。“启德行商、启智从商、投智载道、投资载德”是天成的经营哲学。只有这样，才能做到“为社会创造财富、为客户创造利润、为股东创造回报、为公司创造价值、为员工创造机会”。在良好家风的熏陶下，成为勤劳善良、诚实守信的好孩子。“真诚”，是一切的源。做人做事真诚，对待万事万物都有颗诚挚的心。

我的成功得益于父母的教导，用行动践行家风。在我的带领和倡导下，2006 年 11 月，天成集团团委的成立，标志着天成团员青年的工作走上了规范化、制度化。2007 年 10 月，集团公司党总支成立，这是天成集团发展史上的又一新阶段。作为一家民营企业，成立党组织，在党组织的正确路线指引下坚定不移地沿着正确的方向发展，积极参与社会经济建设，造福一方，共同分享繁荣盛世，是天成集团所有工作的基本出发点。2007 年 11 月，集团公司工会委员会成立，标志着我们公司法人治理结构建设的顺利完成。工会组织是职工利益的代表，公司工会委员会的成立，标志着公司员工的利益正式由工会来维护，工会将成为协调员工与公司关系的一个重要组织，并保障公司员工“四时八节”的福利。

工作之余，我注重科研，发表了《战略联盟：新型竞合关系的产物》《以消费者需求为核心的新 4Ps》《企业如何留住骨干员工》《创建名牌的战略举措》《科技进步在社会进步与经济增长中的作用》《创新型企业的发展及融资策略》《珠三角民营企业管理创新分析》《社会转型期政府收入结构分析》《金融危机背景下解决特区民营企业融资问题的对策分析》《证券公司风险管理存在的问题及对策研究》等论文几十篇；主编了《知识兴企》《社会管理创新》《政府公共管理规范化、标准化》《中小企业融资实务》《乡村振兴与乡村治理研究》等专著十余本；参编了《郑州现代工业体系研究与实践》《信息系统工程造价指导》《政府基本公共服务标准研究》等书籍 10 余本。

我撰写的论文与专著，涉及消费者需求、竞争战略、领导科学、项目工程、供应链管理、公共经济与社会转型、投融资、管理创新、政府规划、信息系统工程、政府公共管理规范化、标准化等内容，因为观点精辟、见解独到，高屋建瓴，被业界誉为卓尔不凡、成绩卓著的论著。

真诚、用心……这些优良的品格，在我的后人身上传承无余。现在我女儿已经从英国硕士毕业，回国创业，研究精致生活美学的品牌，专注于优化审美观念和生活方式，将具有高级感的花艺、手作设计和家居精品带入工作和生活。

常怀感恩之心，达则兼善天下

饮水思源，心怀感恩。为了回馈社会，我为母校莱州土山中学设立了“奖教金”，修建了运动场、数字图书馆、奖品室，捐赠了创客空间及 3D 打印机等教育信息化设备，向天津大学捐赠“校友爱心树”；为沂蒙革命老区沂南县双堠镇大青山小学捐赠 300 多万元的教育信息化设备，建立了“数字化校园”；并且，积极联合明日之星教育基金会开展教育助学活动，先后向新疆、云南、广东、山东等地的中小学捐赠价值数亿元的教学用品，足迹遍布全国 20 多个省份。此外，还积极联合各地兄弟商会进行公益助学活动。

每逢建军节，我都会和相关领导一同看望慰问武警官兵和退休部队干部，送上祝福；多次承办将军书法展；专程赴新疆慰问解放军战士、公安干警，并捐赠200多万元；率领商会组织开展一系列红色文化公益活动，并亲身参与红军教育电影拍摄、协助拍摄基建老兵传记，不遗余力地宣传红色文化。

献身公益数十年如一日，步履不停。我还参与了陕西省泾阳县“班班通－希望工程彩虹计划”公益活动和济南市“同心助学”捐赠活动；发挥中国天成大学的平台作用，向社会各界提供教育和培训10万人次；帮助中小企业成长，为上千家中小微企业提供顾问和咨询服务；在我的带领和组织下，商会涌现出很多慈善公益家和公益组织，如蓝态基金会和龙华小草义工等组织，无私为社会贡献力量。据不完全统计，截至目前，商会捐赠的物资及现金达到13亿元之多，公益扶贫行动足迹北到黑吉辽蒙，西到陕甘宁新，南到云贵川粤，东到闽浙赣皖等25个省区市，帮助25万学生安心上学。

2020年初，一场突如其来的疫情打乱了人们生活和工作的既定节奏，关键时期，通过协调各方面资源，我带领商会会员企业定点向湖北省黄冈市蕲春县人民医院捐赠了60吨次氯酸钠消毒液原液，向社会各界捐助了1000多万元的抗疫物资。

多年来，我秉承儒家“成人达己”的理念，以“帮助人成功”作为自己的企业精神，将中华优秀传统文化落实到企业，先后资助各类山东人组织3000多万元，利用担保、借款、投资、金融服务等形式，帮助山东企业筹集资金几十亿元；并主导成立深圳市齐鲁文化研究会孝文化研究分会，弘扬优秀传统文化，助老敬老，诠释孝道，扩大孝文化的内涵；撰写老兵故事，弘扬老兵精神；帮扶孤儿少年犯，引导折翼“天使”对生活重拾希望。也多次慰问社区敬老院，并向莱州土山养老院捐款捐物，向危难之中的校友多次伸出援手，帮助异地山东老乡多人，先后多次参与地震、干旱和滑坡等事件的救助工作。

除了通过救济、援助、捐赠等手段援助他人外，我还积极探索文化慈善来推广慈善事业。我助推成立了文化慈善公益基金会，从圣贤智慧中找到人生大事的根本解决之道，帮助会员收获家庭和乐、身心和谐。此外，还成立了信息化助老公益服务平台——“中华爱心·认养工程”，并依托互联网科技，创新“互联网＋老年产业”模式，为广大弱势失助的老人提供帮助；成立“爱接力”互联网爱心助困公益平台，帮助解决实体产品滞销和弱势群体消费力较低的问题，引导他们调整投资观和生活方式。

这一组组充满爱心的数据，不仅仅是爱的符号，也是我踏入公益慈善之路里程中的记录。同时，也获得了社会各界的充分认可和一致好评，先后荣获齐鲁英才“十佳年度人物”“公益爱心奖”“热心奉献奖”等荣誉称号。

结语

良好的家风，需要我们一代代的薪火相传，传递的过程更需要我们再弘扬再光大，现在的我们也在用自己的一言一行感染着我们的孩子，塑造着他们的人格，培养着他们的性情。我坚信好家风是社会一种巨大的精神财富，于自己而言是一种无形的先天优势，传承担当、勤劳、执着、勤俭、真诚、感恩的家风，定能让我们的子孙后代找到人生的方向。

第八章 父母，人生之导师

沈丽华口述，黄洁撰稿

沈丽华，云南省曲靖市沾益县人，出生于1954年。云南曲靖锦怡酒店有限责任公司副董事长，曾连续三届担任曲靖市政协委员（其中两届常务委员），民革党员，现担任曲靖中华传统文化促进会常务副会长、中华母亲教育学院副院长、中华母亲讲堂云南省主任。博鳌儒商标杆人物。

我叫沈丽华，我们家的家风是：诚信、勤劳、勤奋，与人为善，以人为本。诚信永远排在第一位，要有坚韧不拔的毅力，做事情要勤奋，要多为别人着想。接下来，我带大家认识一下我的家庭。

我的母亲：知书达礼，贤良淑德

我母亲名叫陈彩珍，出生于一个富裕的盐商家庭。我外公名叫陈永裕，除了在政府部门做事，也和我外婆一起从事盐商行业。我外公和外婆共育有四儿四女，我母亲是他们最小的女儿，从小聪明伶俐，深受父母宠爱。

贤良淑惠的母亲

旧社会受封建主义思想禁锢，倡导男尊女卑，女子常被拒之于学校大门之外。而我外公却认为，不论男女，只要愿意，都可以接受教育。我外公不仅让我母亲读书识字，还力排众议坚持让我母亲到曲靖女子师范学校学习，接受进步的思想洗礼，学习先进的理论知识，使我母亲成长为一名知书达礼、贤良淑德的女性。

事必躬亲，心系家庭

我母亲家境殷实，但我外公从来不骄纵子女。他非常重视子女品格的教育，对子女要求严格，他希望子女都能成长为有家庭观念、勇于承担责任的人。尽管家里有帮佣，但我外公还是要求所有子女每天轮流负责做饭，我母亲作为最小的女儿，受身高限制，经常够不到砧板，需要搬来板凳，踩着凳子来切菜。

受我外公的教导，我母亲有很强的家庭观念。1963 年，我父母被双双下放回家。为解决全家温饱问题,我父母到沾益废弃的飞机场脱砖坯。一块砖坯，报酬一分钱。每天晚上，我母亲劳作回来后，远远地借助微弱的灯光盥洗全家的脏衣物，为的就是给我们创造一个好的学习环境。

我的母亲，有一双巧手，她会缝制漂亮的鞋子和衣服。小时候，我最喜欢过年了,因为大年初一醒来,我总会看到枕边放着母亲给我们缝制的新衣裳。长大后，我才知道，这些新衣裳都是我母亲每晚做完家务后，挑灯引线给我们缝制的，甚至熬夜缝制到大年初一早上五六点。我母亲为家庭、为子女所做的点点滴滴，都深深烙印在我心里。

诚信经商，无商不“尖”

小时候，我母亲曾给我讲过外公外婆经商的故事。当年他们在做盐商生意的时候，一直践行诚信经商、无商不“尖”这一原则。每次给别人盐巴的时候，总会额外给客人一小撮添头，就是在原本抹平的盐巴上，再额外多给一些，堆出一撮“尖角”，他们始终认为“诚信”二字，是商人应该要坚守的底线。

在我刚刚懂事的时候，社会上盛行“无商不奸”的风气，大多数人都理解为做生意要奸诈才能成功。而我母亲从小就告诉我，真正的商人应该是“无商不尖”，尽量让利，这才是一名商人应该具有的品格，这对我长大后经商起到了良好的引导作用，我外公外婆是我从商的榜样。

外婆、母亲、舅舅和我们五姊妹

乐善好施，行善积德

我外公外婆不管是在生意兴隆还是经营困难的时候，都坚持赈灾布施，力所能及地去帮助别人。外公外婆的乐善好施，在我母亲的心中埋下了一颗善良的种子，我母亲的一生，一直在坚持救济别人，帮助他人。

20 世纪 70 年代末，我们家的经济状况大不如前，但我母亲仍然坚持帮助他人。当时，有一位乞讨的老人，他一手拄棍一手端碗，背着一个破布袋，衣衫褴褛地在街上反复乞讨。他身上有一股恶臭味，大家避他如蛇蝎，纷纷把家门关上，唯独我母亲从来不让我们关门。每次，我母亲都会舀一大碗饭菜给这个乞讨老人。小时候的我们，总是不理解母亲为什么要这么做，而我母亲总会耐心地跟我们说："你们一定要尽力帮助需要帮助的人，这句话是你们的外婆教给我的，现在我教给你们，希望你们永远能记住这句话。"

在我小时候，沾益县城住着一个特别霸道的人，她经常与别人发生争执，其他人都不敢经过她家门口。这个霸道之人，唯独对我母亲非常尊敬。小时候的我百思不得其解，于是我便去找我哥哥询问。我哥哥回答我说："那是因为我们的母亲从来不占别人的便宜，她舍己为人，乐善好施。"这一桩桩一件件的事情，对我以后的为人处世产生了极大的影响。特别是在我经商以后，我始终坚持诚信经营、乐善好施。我母亲的这些品格，也影响着我们兄弟姐妹六人，直到今时今日，我们还时刻严格遵照父母当时教我们的为人准则、做事要求来做人做事。

开卷有益，用心读书

我的母亲从小接受过良好的教育，所以她认为子女的教育非常重要，她会利用所有的闲暇时间，教导我们学习诗书礼乐，把教育渗透到日常生活的点点滴滴。无论是在顺境还是在逆境,我母亲一直都把子女的教育放在第一位。

小时候，我奶奶、我母亲会给我们讲《二十四孝》的故事。每当我们发生争执的时候，我母亲会给我们讲孔融让梨的故事，引导我们要学会谦让、友爱。当我们上小学以后，我母亲会给我们讲各种故事和典故，比如穆桂英挂帅、花木兰从军、岳飞精忠报国等，教导我们如何为人处世，如何保家卫国。

我的曾祖母和曾祖父

从小，我母亲便用《朱子治家格言》教导我们，要做到"黎明即起，洒扫庭除，要内外整洁"。特别是作为一名女子，从小要做到勤俭持家，要把家打理得内外整洁。

我母亲经常督促我们要认真学习，她经常挂在嘴边的一句话就是："'开卷有益'，只要你打开书本，你就会得到一定的收获。"这是我母亲给我们的期望，也是我传承给我孩子们的期望。

在我们读小学一年级以后，我母亲经常用这一首童谣，教导我们要用心读书："从小读书不用心，不知书内有黄金。早知书中黄金贵，点起明灯下苦心。"母亲希望通过这首童谣，能够让我们明白用心读书的重要。

万般皆下品，唯有读书高

我母亲写得一手好字，闲暇时喜爱读书。母亲从小教导我们："'万般皆下品，唯有读书高'，你们要珍惜读书的机会，要认真读书、认真学习。"这些话从小就印记在我们的脑子里，激励着我们认真学习。

1960 年，我还没有到上小学的年龄，为了让我能够早一些接受学校教育，我母亲多次到学校找老师求情，希望学校能够提前让我入学接受教育。老师提出因为我不够年龄不在计划招生的范围内，学校没有配备我上学要用的桌椅，所以不能让我入学。智慧的母亲立刻领悟了老师话语中的含义，承诺自行解决我上课桌椅的问题，恳求老师让我提前入学。老师被我母亲的诚意感动，答应只要我们能解决上课桌椅的问题，就让我提前入学。回家后，我母亲决定把家里一张做工精美、高高的古董方茶几，锯短桌腿，给我上课做桌子用。当时把茶几拿去加工处理的时候，邻居赵爷爷非常心疼我母亲如此糟蹋这件古董茶几，但我母亲坚定地说："娃娃读书最重要，茶几腿锯掉就锯掉吧。"这件事情给我留下了深刻的印象。1960 年 9 月，我正式成为一名小学生。后来，我哥哥舍不得扔掉这张这么有纪念价值的古董桌子，就让师傅用新木头还原了茶几的原样把它保存了下来，也把这份回忆保留了下来。

受我父母亲的影响，我们兄弟姐妹从小读书勤奋刻苦，成绩优秀。大姐比我大九岁，当我读小学一年级的时候，大姐由于成绩优秀，已被学校聘任为民办教师。我四妹、五妹在中学读书的时候，学校离家有 30 多公里山路，每个月放四天假来回都是步行。我母亲每次都会给妹妹们带一些现成的吃食，一直送到村头，一路走一路叮嘱她们要好好读书才有前途。四妹、五妹都是班干部，学习成绩名列前茅，每年都获评三好学生。老师对她们的评价都是德智体各方面都很优秀，并夸赞我们的父母重视子女教育，把子女都教育得很好。

我母亲非常重视学校教育，对我们的学业要求特别严格。在我小学三四年级的时候，我母亲常常鼓励我，只有我的成绩比其他同学好，我才有可能去读初中。我母亲告诉我，要想有读书的机会，就需要比别人刻苦，这样才能比别人优秀。她一直鼓励我们要做到好上加好，我始终牢记母亲的叮咛，直到现在，我做任何事情，都会严格要求自己，这样才能比别人优秀、比别人杰出，才能获得更多的机会。

1969 年，全国中小学开始恢复上课，当时受“知青上山下乡”的影响，很多父母都不愿意让自家的小孩上初中。我母亲始终认为，只有去读书，你才能学到知识，才能走得更远，飞得更高，她坚持要让我去读初中。当时 15 岁的我正在离沾益县城几十公里外的马龙煤机厂打工，我母亲想尽各种办法帮我报名上初中，并托人告诉我，一定要回家读书。正是由于母亲的这一决定，才让我有机会走进初中的大门，使我的人生走上截然不同的另外一条道路，成就了今天的我。

1986 年春节拍摄的全家福

1970 年，工厂开始恢复生产。1971 年，我初中毕业，刚好遇上社会上大量招工。虽然受到限制不能去一些好的工作单位，但我在班主任韩顺昌老师的帮助下，顺利进入沾益县轻工机械厂。1971 年 3 月 16 日，我正式成为一名工人。我母亲一直鼓励我要脚踏实地，做好本职工作。我通过自己的努力，从一名铜工，到担任车间记录员、宣传员、统计员，一步一个脚印，一步一步改变自己的命运。

勤俭谨信，受人爱戴

2004 年，我母亲行动不便，我哥哥几年如一日悉心照顾，从无怨言。2010 年初，已经 86 岁的母亲，髋关节出现病变，对其行动和生活产生了诸多影响。为更好地照顾母亲，经过我们多番劝说，母亲最终同意到我家里来住，我与大姐尽心尽力照顾母亲。同年中秋节后，母亲的病情有所好转，坚持要回到沾益老家。同年国庆，母亲的病情再度恶化。2010 年 11 月 29 日，母亲永远离开了我们。

我母亲为老乡看病开方

我母亲一生为人和善，力所能及地帮助他人，深受父老乡亲的爱戴。在我母亲离世后，众多街坊邻居自发参加送殡队伍，大家都想来送我母亲最后一程。

曾国藩家训里有这样一段话："勤俭谨信，勤如天地之阳气，凡立身居家做官治军，皆赖阳气鼓荡。勤则兴旺，惰则衰颓，俭者可以正风气，可以惜厚福。谨即谦恭也，谦则不遭人忌，恭则不受人辱，信则诚实也，一言不欺，一事不假，行之既久，人皆信之，鬼神亦钦之。"这篇家训，很好地诠释了我母亲为什么能够不遭人忌，不受人辱，得到四方乡邻的尊重与爱戴的原因。

我的父亲：悬壶济世，行医布善

我父亲名叫沈宝光，出生于沾益县城的一个中医世家。沈家几代从医，开设了平安堂中医馆，沈家在当地属于名门望族。我父亲在当地最有名的最高学府——曲靖一中完成了高中学业，毕业后在沾益县的一所小学担任老师，承担学校的教学工作。

年轻时的父亲

我的父亲与母亲，两家门当户对，两人喜结连理以后，相敬如宾，互相扶持。我父亲接管了家中的平安堂，与我母亲一起继承祖训习医助人、悬壶济世、行医布善、乐善好施，赢得了街坊邻居的尊敬和爱戴。

我们沈家世代相传的平安堂，已有百年历史。从创立之初，到如今的百年老店，一直坚持价格公道、童叟无欺，有钱的给钱，没钱的不收钱。1956年公私合营，平安堂暂停营业，直到1979年后，平安堂重新恢复营业，由我哥哥沈建华继承平安堂。我哥哥谨遵家父遗愿，继承家族医风医德，把平安堂经营得越来越好。我哥哥把他的经历写成了一首诗：

自幼随父学岐黄，行医四代传良方；
诊脉三部寸关尺，望闻问切知热凉。

杏林学识宽无涯，勤耕苦读伴烛光；
童叟无欺重医德，造福黎民俱安康。

沈记平安堂

热血青年，体育能手

我父亲从小喜欢运动，年轻时是一名热血青年，性格比较外向，在曲靖一中读书时担任曲靖一中足球队队长和中锋、篮球队队长，经常与一些法国人、美国人组成的外国球队进行比赛，因其球技过人而声名远播。

我父亲擅长体育运动，在我们小时候，他会带我们兄弟姐妹去珠江的源头——马雄山南盘江教我们游泳；会带我们去空旷的场地学习骑自行车，让我们拥有良好的体魄。

知识渊博，身正为师

我父亲热爱学习，知识渊博。20 世纪 70 年代，我们一家被下放到农村，当时各方面信息都很闭塞，也没有电视。我父亲非常珍惜他的小收音机，一直陪伴他、随身携带着。每天劳作之余，我父亲会用收音机听京剧、听国内外政治时事，然后把他听到的国内外发生的新闻讲给我们六兄弟姐妹听，即使我们身在大山深处，也能及时知道外面世界发生的事情。

1969 年，我四妹沈萍华小学毕业，正逢我们一家在农村。当时的农村，父母不让女孩子读书，由于家庭的原因，我四妹上初中被拒之门外。但我父母亲并没有放弃，他们一直找学校求情，终于让我四妹再复读小学五年级。第二年我四妹考进了沾益大坡海峰中学，这所学校在当年一共只招收了两个班，只有三个女生被录取。

我父亲在我们成长的过程中担任着人生导师的角色，每当我们遇到困难的时候，会给我们答疑解惑，帮助我们成长。我妹妹沈萍华中学毕业后，在当地一所学校当民办教师，每当她在教学中遇到一些不懂的问题，都会回家请教父亲，我父亲会耐心地倾听，并把自己当年教学的经验和人生的经历跟我妹妹分享，帮助她解决她所遇到的难题。

我们与父母的合影

人品高洁，为人正直

我父亲人品高洁，骨子里有一股读书人的“傲气”。他从小教导我们，不要贪图别人的东西，要力所能及的帮助他人。只要是别人需要帮助的时候，我父亲都会义无反顾地帮助他人。我父亲为人十分正派，既不会阿谀奉承也不会搬弄是非，无论是在下放期间，还是遭受迫害的时候，他从来不会说别人的坏话，甚至连一句泄愤和抱怨的话都没有。我父亲不仅如此要求自己，他也如此要求我们。每当我们愤愤不平说一些气话的时候，我父亲总是会站在对方的角度上来分析问题并说服我们、平息我们的怒火。

有一次，他和同村的杨大爹劳作完以后一起回家，走着走着，突然发现前方的土地里有一大窝鸡纵菌。鸡纵菌作为一种山珍，在当时可以卖出一个好价钱。杨大爹本着“见者有份”，打算喊上我父亲一起去捡鸡纵菌。但我父亲拒绝了杨大爹的好意，把这一大窝鸡纵菌留给杨大爹，独自一人离开了。后来这事在村里传开了，人们都说：“沈医生这个人太好了。”

年轻时的父亲和母亲

吃亏是福，有容乃大

我父亲就是为别人着想的一个典范，特别是涉及利益的问题，他都是站在别人的角度来思考。我父亲教导我们，永远都不要去占别人的便宜，不要让别人对你有一点儿不满，不要做任何一点儿对不起别人的事情，这就是我父亲的坚持。

家道中落以后，我们家的经济变得拮据，需要与邻居合买一条鱼。每当两家分鱼的时候，我父亲总会让邻居先选，通常邻居都会把大一点儿的那份鱼拿走。就算是我们先选，我父亲也会让我们拿小的那份。

1956 年，沾益县城实行公私合营，我家把世代相传的中医馆——平安堂陈列的所有的药柜全部交入县医院，父母都进入县医院工作。面对这一突变，父母却泰然处之、坦然接受，不抱怨任何人、任何事，也不让我们去抱怨。

1958 年，父亲被调派到沾益县大坡乡卫生院，母亲被调派到沾益天生坝建设水电站的工地任驻地医生。又一次人生的巨变，父母逆来顺受，没有怨恨，默默地在自己的岗位上认真工作，为群众服务。

我们六兄弟姐妹和嫂子

1962 年，父母亲被下放后，用他们的双臂默默支撑起全家的生计，毫无怨言地承受这沉重的生活压力。当时读二年级的我，一下子就成长了，主动承担起买菜、做饭、给父母送饭的职责。每天放学以后，我第一时间回家做好饭菜给在工地做粗活儿的父母送去，不管我把饭做得夹生，还是把菜做淡了、做咸了，哪怕只有一点点咸菜下饭，我父母亲总是大口大口地把饭菜吃完，并不断地给予肯定，表扬我的厨艺。寒来暑往，年岁渐长，我的厨艺也越发精进，能做出可口的饭菜、美味的包点、甜糯的白酒等，成为同辈中的佼佼者。

衣冠要正，品行要端

我父亲认为“正衣冠可以端品行”。在我的记忆中，我父亲非常爱干净，衣服从来不会穿得邋里邋遢。有时遇上天气寒冷的时候，我父亲依然坚持把双手浸泡在寒冷刺骨的水中把衣服的领口袖口洗得干干净净。有时我母亲忙不过来，我父亲会帮母亲一起洗衣服。直至我父亲 76 岁离世，我们做子女的几乎没有帮他洗过衣服。我父亲的为人处世潜移默化影响着我们，帮助我们塑造了良好的品格，我们六兄弟姐妹都在各自的领域中发光发亮，为社会贡献着自己的绵薄之力。

自从父母离世后，每当我们家庭聚会唱起《父亲》《一壶老酒》的时候，总会想起我们的父母，想起以前父母在世时候的事情，没唱几句我们姐妹眼泪就控制不住地往下流，哽咽到无法唱下去。

兄弟姐妹六人合影

我的小家：孝悌谦恭，温暖有爱

从小我母亲对我爷爷奶奶非常尊敬，她用她的实际行动，教导着我如何为人妻、如何为人媳、如何为人母，教导我们如何孝敬家翁，照顾好家庭。

尽心尽责，赡养家翁

我的第一任丈夫是家中的长子，家中有六兄弟姐妹，我的公公是一名解放初期参加过革命的老干部，我公婆家住农村山区，条件比较艰苦。我母亲常常教导我要多照顾公婆，尽到一名长媳应尽的本分。

天有不测风云，人有旦夕福祸。1977 年，我公公含冤入狱；1979 年，我丈夫因公殉职，留下了一个 3 岁的大儿子，一个 8 个月大的小儿子。当时只有 25 岁的我，除了伤心欲绝以外，还要肩负起安抚公婆、照顾弟妹、养育孩子的重任。我母亲心痛我的遭遇，让我搬回家中与父母同住，帮忙照顾我的两个儿子。我的哥哥每天执意用自行车送我到 4 公里以外的工厂上班，一路上与我聊天，开导我，帮助我排除伤心的情绪。我的姐姐每次缝制她小孩子的衣服都会把我两个儿子的衣服一起做了，其他兄弟姐妹也都尽力帮助我渡过难关。

多年来，我一直尽到媳妇和长媳的职责，几十年如一日照顾好公婆、帮助弟妹成长。无论是读书、就业、娶妻、生子、子女读书就业等大事小事，都全心全意帮助他们。因为我性格比较外向，婆家的一些对外事宜，都是由我来处理，我也成为婆家的顶梁柱。

在我的影响下，妯娌间相处融洽，对婆婆悉心照顾。我的现任丈夫袁官见，深深被我感动，视我的公婆为自己的父母，全心全意地照顾他们，与我婆家众人相处融洽。我公婆也视其为亲生儿子，弟妹视其为亲大哥。在我婆婆住院的时候，我丈夫会和我一起去医院照顾婆婆；在我公婆去世的时候，我丈夫顶替了长子的位置，为我公婆送终；在我工作忙碌的时候，我丈夫会提前帮助我准备好扫墓拜祭的物品。虽然不是一家人，但胜似一家人，被当地传为一段佳话。

言传身教，代代相传

我受母亲的影响，也非常注重对孩子们的教育。1988 年 10 月，我从沾益调到曲靖工作，刚开始单位没有给我分配宿舍，我每天骑着自行车两地奔波 14 公里。1989 年，单位给我分配了一间宿舍，我把两个儿子接到身边，开始独立照顾他们。

由于我每天都要上班，来不及给我儿子在晚自习前把饭菜做好。为了不影响学业，我儿子总是饿着肚子先上完晚自习，再回家吃饭。在很长的一段时间里，我们家里都是晚上八九点才吃晚饭。两个儿子特别懂事，知道妈妈要上班要照顾他们，非常辛苦，所以他们在学习上非常认真努力，勤奋自觉。

我和两个儿子

我的两个儿子在家人的关爱照顾下，健康长大。我的大儿子张谦在昆明广发银行工作，小儿子张鹏在曲靖市人社局工作。我的小儿子刚刚参加工作的时候，每年春节都会被安排值班，次数多了以后，小儿子偶尔会有一些怨言。这个时候，我就教导他：“你是年轻人，理所应当要多干一些。你的同事有些成家了，有些比你年长，有些家在外地，而你家在本地，父母年轻，身体尚可，不需要你照顾家庭，只要你把单位的事情做好就可以了。”经过我的开导，我的小儿子明白了自己身上的责任，以后遇到节假日值班的时候，都会主动申请值班。

受我母亲的影响，我教导我的儿子要做到“黎明即起，洒扫庭除，要内外整洁”。我的小儿子 2003 年大学毕业参加工作，当时单位还没有保洁人员负责办公室卫生，每个办公室的卫生由工作人员自行负责。我就要求我的小儿子，每天提前半个小时到办公室，把办公桌和地板打扫干净，把开水打好，把上班前的准备工作做好，确保同事们来了以后，能够正常办公。

在与同事相处的过程中，我教导我小儿子要做到尊敬师长：“你要尊敬比你年长的同事，特别是出差在外的时候，要照顾好比你年长的同事。无论搭公车还是坐大巴，你要让别人先上车，要帮年长的同事提行李箱；我不需要你买任何的礼物回来，只要你照顾好同行的同事就可以了。”在我教导下，我儿子养成了良好的行为习惯，用心做事，以诚待人。我小儿子单位的局长多次在单位大会上表扬他：“张鹏的家庭教育非常好，虽然家庭环境良好，但是身上没有纨绔子弟的不良风气，为人真诚、朴实、勤俭、谦恭，值得大家学习。”

从小我就会教育我儿子：“‘谁知盘中餐，粒粒皆辛苦’，你们要勤俭节约，要珍惜粮食。”我儿子工作以后，每次外出吃饭的时候，他们都会把吃剩下的饭菜打包回来。别人开玩笑说：“你妈不是开酒店的吗？你还打包这些剩饭剩菜回去，你妈不会批评你吗？”我儿子都会特别自豪地说：“这些都是我妈教我的，吃不完的东西一定要打包回来，不能浪费。”我教导我儿子“吃亏是福”，为人处世，不要太计较得失，要谦让别人。

我一直教导我的儿子，要为人正直，坚守原则。我大儿子刚去广发银行工作的时候，银行经常会有一些非常精致的宣传品，吸引大家去银行存款。有一次，别人想通过我大儿子，直接拿这些宣传品。我大儿子直接就拒绝了，他说：“你想要这些宣传品，只要你去银行存款，我们都会给你的；如果你不存款，我是不能够直接给你的。”在我大儿子开始担任银行领导的时候，社会上出现了一些不好的风气，求人办事需要送礼，或者用一些不法手段违规办事。我始终教导我的儿子，要秉公办事，按原则办事，绝对不可以做违纪违规的事情。我儿子一直在这条路上走得堂堂正正，直到我大儿子担任广发银行分行的行长，他依然坚持着他的原则，两袖清风，无愧于天地，让我感到非常欣慰。

2013 年，我的小儿子结婚了。结婚以后，我与小儿子、儿媳妇、两个孙女一起居住，三代人其乐融融，相处融洽。2014 年 10 月，我婆婆生病住院期间，我二儿媳李艳身怀六甲，马上就要生产了，但她一直在旁边陪伴，学习如何照顾长辈。我的儿媳妇，受我孝敬公婆、尊敬长辈的影响，与我的关系非常融洽。我认为父母的言传身教对教育子女有非常重要的作用，我一直坚持做到母慈子孝，关爱子女，用实际行动教导孩子如何尊敬师长、关爱他人。

2019 年春节拍摄的全家福

我儿子受我影响，从他女儿两岁懂事开始，就教导她们“谁知盘中餐，粒粒皆辛苦”，要珍惜粮食，好好吃饭。从小我用传统文化教导我的孙女们，她们从小就听《二十四孝》的故事、听国学典故，我教导她们要学会尊敬父母、尊敬师长、关心同学，互相谦让。

我的一个孙女，现在读小学一年级，是班上的班长，因为她的学习成绩好，经常有同学要抄她的作业，我们就会教导她："你作为班上的班长，要带领班级同学共同进步，那些要来抄你作业的同学，如果是遇到了困难，你要教导他们如何做题，帮助他们进步。"所以她能够主动帮助他人，共同进步。

我的另一个小孙女，现在在读幼儿园大班，在我们的教导下，是一个特别暖心的孩子，她会关心身边比她小的小朋友，给她们喂饭，帮助老师照顾她们。通过我们潜移默化的影响，两个孙女都非常尊敬长辈，谦逊有礼。每次我们回家以后，会给我们拿拖鞋；每次出门都会跟家里人打招呼；每天晚上睡觉前，会跟长辈说晚安。我相信，这就是家风传承的力量。

2019 年拍摄的家族全家福

家风感悟：力所能及，帮助他人

虽然我不是一个经济非常富裕的人，但在我母亲的影响下，是一个有爱心的人。从我创办公司开始，一直从事公益事业。在担任政协委员、常委的时候，我认真履行自己的职责和义务，积极参加扶贫及公益事业，捐资助学，修桥铺路，为父老乡亲多做一些力所能及的事情，多帮助他人，回馈社会。

2010 年的 8 月，我有幸参加由云南省委宣传部牵头，在昆明举办的大型弘扬优秀中华传统文化的公益讲座。回来后，我和几个朋友在锦怡花园酒店拉开了传播国学文化的序幕，每月用 4 天的时间举办弘扬优秀传统文化道德的公益讲座，并提供免费的中晚餐，人数从几百人发展到近千人。连续举办几年后，在政府的支持下，我们成立了曲靖市麒麟区中华传统文化促进会，陆德泽老师任会长，我担任常务副会长，当地政府无偿划拨 20 亩土地交由我们团队开始恢复重建曲靖文庙道德大讲堂，建设资金由我们向社会募捐。从那刻起至今，我就和志同道合的一群人奔走在为筹集资金而艰难前行的道路上，一边弘扬践行国学文化，一边四处筹资建设。

家人支持，助我前行

10 余年来，我所做的公益事业，得到了整个家族的大力支持。我和我的妹妹沈云华竭尽所能、全身心投入到这项公益事业中，并依托锦怡花园酒店为我们的公益事业提供坚实的后勤保障。这 12 年间为举办公益活动所花费的接待费用，从来没有在传统文化促进会（曲靖文庙）的财务账上列支过一分一厘。2021 年 6 月，曲靖文庙孔子学堂被授予云南省“云岭百姓宣讲”示范点。

2017 年，我们开展了一次家庭读书会活动，读书会上我们缅怀了先祖和父母对我们的教导。他们高风亮节的品格、悬壶济世的情怀，无一不在鼓舞我们沿着人生正确的方向前行。家庭读书会在曲靖市开了一个先河，引起了很大的反响，也为很多家庭树立了一个榜样。

2017 年，文庙学子们有机会去深圳参加国际经典小状元诵读和庆祝中华父亲节的演展活动。但在出发前夕，作为领队的我却不慎腿受伤了。为了不影响孩子们，我让我儿子请公休假，推着轮椅上的我，如期出行，最终孩子们取得了优异的成绩。随后几年，我带着文庙学子们去参加了各种各样的游学活动，促进他们成长。

我应邀到不同场合，去分享如何用好家风建设幸福家庭、如何做好母亲好妻子、如何让家庭和谐母慈子孝、如何激励年轻人做到修身齐家治国平天下等等。涓涓细流的工作让我获得了很多的赞誉，云南民革省委授予我“社会先进服务工作者”，民革市委授予我“优秀党员”；政协曲靖市委授予我“优秀政协委员”等光荣称号。

传承良好家风，共建和谐社会

传统的家风、家道、家训，在每个家庭里面都是不可或缺的。一个家庭如果能有良好的家风，那么这个家庭里各种关系都会和谐，能够减少家庭矛盾，降低社会矛盾。现在社会上的一些青少年犯罪，也是由于家庭教育的缺失。

夫妻关系是家庭关系里面最难的，过去的夫妻关系很牢固，但现在变得非常脆弱，导致离婚率升高。只有夫妻关系稳定，家庭和睦相处，才能给子女一个温馨的家，让他们能够静下心来，最终走上正道。

母亲是一只船，载着我们的期待和梦幻；母亲是一棵树，为我们遮挡风雪和严寒；母亲是一盏灯，给我光明和温暖。母亲，在家庭中承担了太多的责任，我们要重视女性教育，要把女性培养成贤惠的母亲，这就需要从小时候开始培养，从培养为一个有教养的女儿开始，通过言传身教的方式，代代相传。

随着社会经济的不断发展，人民生活水平的不断提高，现在大多数的孩子都不缺吃穿，缺的是品格教育。古语有云，三岁看大，七岁看老。因此，七岁前的教育对人的一生影响重大。回顾我小时候，从我开始记事以来，我父母对我的影响一直持续到现在，然后我传承给我的子女，我的子女又传承给他们的子女，一代一代地传承下去，生生不息，永不懈怠。

孩子是家庭的未来和希望，更是国家的未来和希望。教育孩子是一件任重道远的事情，时至今日，我依然不敢有丝毫懈怠，我依然不遗余力地在做好教育孩子这件事，过去在做，现在在做，将来也会一直做下去。

中华母亲讲堂任命书

结语

已过花甲之龄的我，在传播和践行优秀传统文化的道路上仍然不敢懈怠，老骥伏枥，志在千里。作为中华母亲教育学院副院长、中华母亲讲堂云南省主任，我的宗旨就是，要用我的毕生精力来传承好家道家风，影响更多的家庭，让更多的家庭受益。只有每个家庭和谐，我们的社会才能和谐，我们的国家才能国泰民安。

第九章　心存善念，方能行稳致远

唐诗武口述，宋晓亚撰稿

唐诗武，贵州省遵义市人，出生于 1973 年。现为浙江省嘉兴市三立企业管理有限公司董事长、嘉兴市贵州商会执行会长、嘉兴市新儒商企业创新与发展研究院执行院长。

“积善之家，必有余庆；积不善之家，必有余殃。”我叫唐诗武，出生于一个普通、本分的黔北农民家庭。我理解的家风，就是家庭中的每一个成员共有坚定的信仰，将其内化为自身的一种人格特质，并在一个家庭成员中代代相传。在我的家庭当中，所有人都有一个信仰——心存善念，以孝事亲。

我不知道这个家风是什么时候形成的，而我则是从我奶奶、爸爸和妈妈的言传身教、潜移默化中感知的。

我的奶奶：善为至宝，心作良田

我记忆当中的奶奶，一直是和蔼可亲的，对我更多的也是疼爱。因为家中有六个兄弟姊妹，父母要照顾更小的弟弟妹妹，我从小便和奶奶生活在一起。

奶奶出生于贵州省凤冈县一个没落的地主家庭，听奶奶讲是因为伤寒病症，全家除已远嫁的大姐和她，其他人都去世了。奶奶年幼父母均去世，被同村一杨姓人家收养,后来奶奶的二舅（从小称呼为“二舅祖”,下同）去看她，二舅祖看她可怜，抱着她大哭一场就直接背回家了。

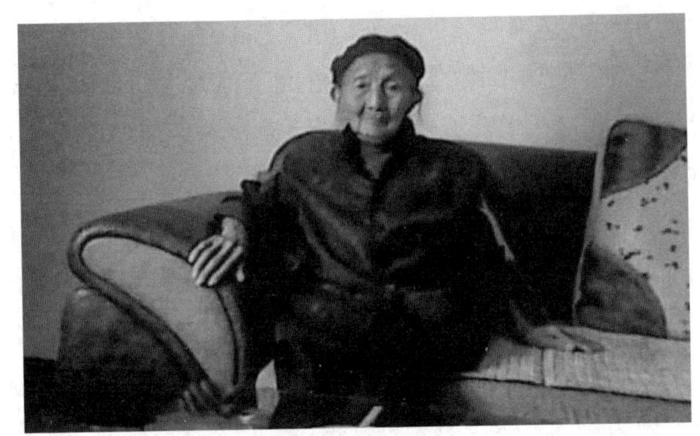

慈祥善良的奶奶

言传身教，甘于坚守

从奶奶的成长经历来说，她是很可怜的，因为没有了父母的陪伴；但奶奶又是幸运的，因为二舅祖养育了她，而且对她的疼爱与其他表兄妹有过之而无不及。

奶奶没有接受过教育，可以说是文盲，但二舅祖家是一个书香门第，家教甚严。奶奶讲，二舅祖经常教导她“孝感天地，勤善兴家”。也许就是这样的熏陶，做人要“孝、善、勤”的信仰便深深扎根在了奶奶的内心。

小时候，我依偎在奶奶的身旁，她总是用最简单的话语感化我，教育我，至今，我奉行做人做事原则都受教于奶奶的熏陶。奶奶经常讲：“别人的东西，哪怕是金子，也打不瞎我的眼睛。”“做人要记得——心好自然好。”其实就是，别人的东西再好，你看到了，也不要动想法，这是做事的原则；做人要心存善念，要讲良心，不用羡慕别人，心好你自然一切都会好的，这也是底线。

奶奶没有读过《论语》《大学》，也没有听说过《中庸》，更遑论《易经》了，但是，她却用她悲惨的命运，感恩的心怀，坚韧的目光教会了我“孝悌也者，其为仁之本与”“自天子以至于庶人，壹是皆以修身为本”“积善之家必有余庆，积不善之家必有余殃”“天行健，君子以自强不息；地势坤，君子以厚德载物”。

奶奶对曾祖母也是很孝顺的。奶奶讲，在我爷爷幼年的时候，曾祖母活得非常不易，只靠背把柴到镇上去卖，再换杂粮为生。日子很苦，所以奶奶最自豪的就是，曾祖母生前什么银耳、人参、燕窝……都尝过了。小时候不懂，也没觉得这有什么，只是隐隐中觉得我长大了也该这么做。长大后，我才知道那是个什么年代，我们是个什么家庭，突然间理解为什么奶奶以此为傲。

在奶奶印象里，曾祖母可能是个异数。因为当时贵州遵义的农村，封建保守、男尊女卑，妇女在社会上是没什么地位的，甚至连自己的名字都没有，低眉顺眼是常态。可能是曾祖母20岁就要独立承担家庭生计的原因，她老人家不得不经常抛头露面。虽没有见过曾祖母，但对于我来说，她就像一尊神，我的身上也有着太多和曾祖母一样的特质。

奶奶讲，曾祖母很善良，上街后，她每每都是先帮忙将邻居的东西卖完再卖自己的东西，先把别人的东西买好再买自己的东西。有一次，曾祖母帮人送柴回来，发现同去赶集的伙伴被人骗了，东西被拿走，钱没有收到。曾祖母带着她全街上下寻找，终于在下街口将那个男子找到。对方看来的也是一个女流之辈，但结果完全超出对方想象，讲理对方讲不过，要横也遇到了不让须眉的女中大丈夫，东西拿回来，并以对方赔礼道歉结束。这种事现在听起来好像没什么，但在旧社会搞不好是会死人的。

小时候，我爱打抱不平，想当游侠，或许就受曾祖母的影响。但是，在奶奶的教育下，我觉得我是一个善良的人，讲义气、敢于扶弱，坚持“三三原则——三打三不打”，就是“老人不打，女人不打，比我小的不打；欺负老人的要打，欺负女同学的要打，欺负弱小的要打”。

我在想，如果没有奶奶，少年顽劣的我，不知道又会走上一条什么样的路。奶奶朴实的语言虽简单对我却意义非凡。正是这样的言传身教，心存善念、以孝事亲这一信仰便在我内心扎根。

厚德载物，心怀敬重

《周易》里讲，“天行健，君子以自强不息；地势坤，君子以厚德载物”。奶奶一生中是没有人给她讲过这句话的，但是，她却用一生去践行着“自强不息、厚德载物”，这也深深影响着我。

奶奶给我说，她嫁给爷爷的时候，新房是在牛圈楼上，也就是说楼上住人，楼下关牛。实际上当时我家也没有牛。家里三老幼（曾祖母、爷爷、奶奶）的土地，小到就种辣椒也不够一家人吃一年。曾祖母20岁守寡，曾祖父去世的时候爷爷才两岁。

小时候，听奶奶讲这些故事，也不知道哭了多少回。奶奶流泪的时候我陪她，她不哭的时候，我的眼泪也会自己掉下来，奶奶在我的心里也是至亲的、伟大的。或许她在社会上只是一般的路人甲或路人乙，但有一件事情，却让我感受了奶奶平凡人格中所蕴藏的伟大力量。

全家福

在我们当地，一个人在世时怎么样，是可做盖棺论定的。奶奶是2012年冬过世的，当时，我们村那些不管是年纪大的还是年纪小的；关系好的，还是关系差的；身体好的还是身体不好的；也不管是好相处的，还是不好相处的，都来家里给奶奶守夜了。他们三三两两各自围坐在一起回忆奶奶的点点滴滴，边说边流泪，边流泪边说。

还曾记起，当时令我感动的是村里的一位老嫂子，她自己患有心脏病，走路都困难。她扶在堂屋门上，看着奶奶的遗容，眼泪不停地往下流。我向她打招呼，她似乎没有太在意，只是说大婆在世时对我太好了，特别是在生产队的那几年，照顾我太多了，带小孩的，或怀孕的，都爱和大婆一组，她老人家从来不为难我们，自己抢重活做，让我们轻松……另一个就是我村一位老大爷，在全村那是特别有个性的，对他有意见的人数不清楚，他不喜欢的人那也照样数不清。即使他亲大哥去世了发丧，他也硬是没让从他家门口过。奶奶过世后，他一得知消息就来到我家，古稀的人还忙上忙下，抬木头做棺木、来回奔波找工具、就没有见他停过。别人让他歇一歇，他总是说“不用不用”，不停地给别人讲，奶奶年轻时候如何待他好。他说：“奶奶对我照顾很多，就算生了气，吵了架，到她家里照样会笑脸和气相迎，端茶倒水，有什么好吃的照样会拿出来，奶奶这一辈子从没有做过什么对不起人的事。”

我想，给奶奶做的这六天的道场算得上是对我一次灵修训练课程，以沉浸方式让我感受了很多，让我真正懂了什么叫自强不息、厚德载物，什么是修身为本和柔弱胜刚强。

行侠仗义，刚正不阿

以前村里总有几个“小流氓”，喜欢乱找事。如果他们乱出手，被我发现了，触碰了我的“三不打”底线，那绝对是不行的。

其中有一个事情，就是我的铁杆——袁云强（我表叔）被打的事情。这怎么得了，一是违反了我的“三不打”原则，二是居然以大欺小到我头上来了？这个抱不平当然是要打的，我自然要“正当防卫”。

这次闹得比较凶了，在这位同学爸爸的招呼下，他们村的人全约起来找我“报仇”，男女老少一起拦住了我的去路。第一句就问：“谁打的？”我很自然地回答，我打的，然后就扭打起来了。当天我们教导主任李显民也在，一看事情闹太大就过来劝架，双方展开了理论。

这场辩论是以我的胜利结束，因为我是“正义”的一方，理由有三：第一，你儿子骂新迎的学生像猪一样，这是没家教；第二，他先动手，我是正当防卫，而且，你儿子比袁云强要大那么多，我必须打抱不平；第三，刚才李主任在，让他不打，他还要打，为什么我不能还手？最后他爸总结了一句，如果我儿子不对，我绑来给你认错；我说如果是我不对，我给你磕头！最后，就放我回去了，可这并没有结束，而是我真正噩梦的开始。

由于事情严重，同学的爸爸找到了我家，爸爸又是不待见我这样的“游侠”。一到家门口，哥哥就对着我坏笑，我知道可能会有不好的事情发生。

说来也快，爸爸问道：“你在哪里打架了，把别人打成什么样？”我答复：“没有，绝对没有。”因为他们总是这样诈我。可这一次犯了经验主义错误。因为我走进厢房的时候，奶奶弱弱问：“你把谁打了？”这时爸爸很正经地来了一句：“给老子端根凳子去香火跪好。”于是乎，我就按标准程序选了一条还算光滑的木凳跪好了。

大约半小时后，我用余光一瞧，他拿着一条五尺片（斑竹做的，长约 1.7 米、4 厘米宽，约 5 毫米厚的样子），外加一小碗口那么大的小棍子走来。依然是老规矩，打完再说，上来就是一五尺片，断成三截。大约打到没剩几根了，启动审问程序：

爸：你为什么要打架？

我：他先欺负我们，所以要打。

爸：他又没打你，你为什么要打？

我：他欺负我表叔，我这是打抱不平！

爸：以后还打不打？

我：他惹我，我就打！……

后来父子俩就重复着这两句：以后打不打？他惹我，我就打！他是边问边打，打着打着，不知怎么回事，爸爸自己忍不住笑了，也许是无可奈何，也许是不知道还要不要继续这并非想要的答案：打。

还好，奶奶过来了，不知道是怕打坏了孙子，抑或是怕累坏了儿子，或两者兼有之。奶奶说，好了好了，以后我们不打架就行了！爸爸和我都十分“默契”地服从奶奶的旨意。打是停了，我浑身的酸爽还在继续……奶奶、爸爸、我总是重复这样的故事，奶奶也总是不早不晚得成功保下我……

但在我骨子里，我始终认为我是正确的，原因是——存善念、行善事、管闲事、做实事，爸爸可以折磨我，但不可以让我放弃。

我的爸爸：博学至孝，一心耿直

我爸爸出生于1944年3月。1959至1961年进入湄潭师范（湄凤余三县合一称湄潭师范）上至中师2级，正值国家大灾之年和三年困难时期，国家实行"调整、巩固、充实、提高"八字政策，在校生分流，爸爸就是因为这个"调整"政策休学回到村里担任村会计。

博学正直的爸爸

1964年国家整体形势向好，原分流回村的学生可以返校上学。爸爸准备回学校的时候，区委书记就找爸爸谈话：国家要人才，你是村里的干部，你回去上学，村里怎么办？工作谁来做？于是爸爸就没有上学，也是他多年来的憾事之一。

博学勤劳，脚踏实地

爸爸应该算得上是博学多才，他参加什么学习都会拿奖。吹拉弹唱、琴棋书画(画我没见过)无所不会；上下五千年的历史如数家珍；最难的阴阳五行、堪舆、命理经典要义至今倒背如流。

从我记事起，爸爸除了干活儿就是在看书，这一生中估计每个晚上都是在看书中睡着的。爸爸还从叔曾祖父那里学习、继承了堪舆、命理、傩戏等各种学问。爸爸不专门做这个事情，只是一些亲戚或良善人家，到家里向他请教的时候，他才会去帮一下，但从不收取什么报酬，最多就是对方来请的时候会送一瓶苞谷酒，或一两斤白糖什么的。

爱看书的爸爸

爸爸一生热爱学习，也重视教育，且身体力行。爸爸对于家乡的贡献，我想不是留下来当了几年会计，而是竭尽全力为村里创办了一所学校（含初中）。爸爸是看不得村里的孩子不接受教育。在他的坚持下，说服了区委干部，办起了学校。但办学校也没有一帆风顺，这所学校在包产到户以后突然垮了，一下子就有上百个孩子面临失学了。村里的老人们、干部们再次来我家里找爸爸（因为包产到户以后家里没有闲劳动力只好不教了），就这样我善良的爸爸又重新返回学校，把学校组建起来。我记得，学生人数最多的时候曾经有700来人，方圆几里的孩子也会慕名来我们村的小学读书。当地一家人爷爷、儿子、孙子是同学的，都是爸爸学生的也不少。

在我之前，村里走出大山的都是爸爸的学生。当然，我也是爸爸的学生。可能是受这个学校的影响，现在我们村里，尤其是我们组里，基本上家家都有大学生、研究生，这也显著地改变了村里的风气。爸爸对教育的重视，对我影响还是很深远的。我后来立志要做教育，和爸爸有很大的关系。

爸爸的勤劳估计也是一般人难以超越的。包产到户后，村里基础设施差，没有水库储水可用，也没有河流，基本靠天吃饭。有些时候深夜下大雨，爸爸仍会夜里去犁田（一般妈妈用火把在前面照亮，爸爸在后面稳犁）。爸爸常说如果等天亮去，水就没有了。爸爸有几年还在学校上课，天微亮他就去田里干活儿，到快上课的时候回家扒两口饭，放学回来简单吃点儿，再去地里干活儿，回家吃完饭再批作业，完成后才休息。日复一日，年复一年，我们就是被父母这样养大的。

生于这样的家庭，此生能有这样的爸爸，何其幸哉。

事母至孝，教子极严

爸爸对奶奶、对长辈的孝顺是好到骨子里的。奶奶在世的时候只要有什么病痛，爸爸除了求医问药，基本是不出门的，始终侍奉汤药于床前。对逝去的祖先他能清晰记得好几代祖宗的诞辰，到这些日子都会祭祖，几十年来从未断过一次。过年大祭、初一上坟、正月十四十五亮灯、清明扫墓、七月半烧钱化纸从来不曾断过。今年爸爸的身体尤其是膝盖不是很好，在湄潭家里没能回老家，这是记忆中的第一次。

爸爸对我们的管教也是极严的，对我更是格外关照。当然我知道这也是“罪有应得”，凡是他不让干的，我基本都干了。比如不让骑牛，我可以把牛当马用；不让我游泳，我可带全班同学下河；不让打架，那就更不用说了。在爸爸眼里，犯了错，就必须接受惩罚，任何人没有例外。

当然，不只是我们兄妹怕他，而是全村的小伙伴都怕他。只要听说他不在家，家里就翻天了，村里小伙伴们都来了，但只要看见他的身影，两分钟之内就消失得无影无踪。

慎终追远，重视家风

爸爸对家族的历史是非常重视的。从小耳闻目染，潜移默化中也有浓厚的家族情怀。

我们唐家的历史渊源，世系传承，爸爸是最为清楚的。他多次亲自参与了各次唐氏宗亲朝祖（祭祖）和族谱的修撰工作，并受邀撰写了《湄邑唐氏族谱》中的《序》。

对于姓氏的来源，爸爸撰稿“姓氏来源：分封、国姓。始祖：唐叔虞（姬叔虞）。发祥地：古唐国、今之山西省临汾市翼城县梁镇。源起：周武王之子成王以桐叶分封其弟叔虞于唐，其庶出子孙以国为姓。即本宗唐姓之来源，始祖叔虞墓在今之山西省翼城县二十里处之辛安乡教义村。”爸爸还撰写了唐氏进入贵州的一些故事：“唐安珠（一世祖）妣王氏；二世祖思操妣何氏，墓在偏桥（今之施秉）；三世祖贵文妣虞氏始迁湄邑（今之湄江镇）；四世祖络。四世祖与三世祖墓均在湄江镇之塔坪（后因扩湄修桥迁至联合新广之南坪）；五世祖均德始迁本县复兴镇（墓闫王丫）生应洪、应琳、应乾、应珩四子，遂有四大房分支之说。吾家据传系长房应洪祖之后，初居各子上，后迁绥阳县桑木坝吾尔塆，约四世后，唐维熙于清同治十年（1871）来沙塘塆居住。”

爸爸对家风的建设也是格外的重视，唐氏先祖对家风的理解与概括，我想已经高度浓缩于我们的辈分排序之中了：“大学之道，明德新民，至善诚意，正心修身，齐家治国。”

爸爸慎终追远的情怀、刚直的性格、重视教育、济世担当的自我要求，对我的性格和事业的选择都有很大影响。

我的妈妈：持家至勤，事亲至孝

我记忆中的妈妈，是勤劳、孝顺的。在我的印象中，白天她在忙，晚上我们睡着了她也还在忙，直到后来干不动了，她仍然是不到凌晨一点钟不肯睡觉。

生我劬劳，勤俭持家

小时候因家里的兄弟姊妹多，爸爸又在学校教书，奶奶年纪大，下地干活基本上就只靠妈妈一个人。白天别人干活的时候她干活，别人休息的时候她打猪草；晚上别人睡觉了她还在自留地干活，挖土，挑粪淋稼。所幸我们兄妹六个没有一个是游手好闲的，我从五岁开始放牛，六岁下田糊田埂，九岁开始帮爸爸磨田，大姐、二姐更是在十三四岁时，便背四五十斤重的茶叶陪妈妈赶集。

让我最心疼的是妈妈走山路卖茶叶的事情。因为当时乡镇基础设施落后，基本全是山路。但是，这并没有阻挡妈妈的勤劳。我印象中我们家到永兴镇（9公里）、水河坝（12 公里）、凤冈（18 公里）、进化（13 公里）。为了卖茶叶，妈妈和大姐二姐就只能背着去，但无论去哪里，路途都异常辛苦。特别是妈妈，她背的东西是最重的，每次都至少有 40 公斤以上。妈妈说，最艰难的是去凤冈县城，走猫壁岭大概有 15 公里路，还要爬很高很陡的坡（至少有 1 公里）。这所有的路途，妈妈硬是用双脚一步一个脚印走过去的，但妈妈丝毫没有喊过一声累，也没有任何的埋怨。

成家后，有一次给妈妈洗脚，发现她的右脚大拇趾是朝右近九十度弯着，指节肿得很大。问起妈妈，她才讲到，在生产队干活儿的时候，收工后背着一背篓分得的玉米棒子，因急着赶路，摔倒在田埂上就把大脚趾摔断了。我问妈妈当时不疼吗？妈妈笑着说，哪里记得疼，就只顾着赶回家做饭了。第二天，没有休息，没有治疗，妈妈又带着摔断的脚趾跟其他人一样出工了。

带妈妈到厦门求医

以药济世，至善待人

1957 至 1960 年，妈妈在川黔铁路水城段当过几年的卫生员，对治病、护理有一些知识和经验。

最出名的就是妈妈有一个手艺——以草药治疗不孕病，很有特效，方圆几十里的人都知道她有这个“手艺”，也经常有人来找她帮忙，妈妈自然也是有求必应。我知道的就有几家，其中有一家是村里王正伦家，结婚多年无后，请妈妈帮忙，在吃了妈妈扯的草药以后，没两年就有了小孩儿，这个小孩儿还是我小学同班同学。有一点，妈妈从来都不会问这些人要钱。她经常说，这些中药材不值几个钱，如果能帮助别人家，就是做善事，就是在积善德。

小时候，也经常看到有讨饭的来家里，我从来没有发现妈妈有过不悦，通常都是把最好吃的东西端出来给别人。有几次，妈妈正在煮饭，直接用锅铲从锅里把饭菜舀出来盛到乞丐的碗里，嘱咐慢慢吃，吃完再添。我问过妈妈为什么要给他们东西吃，妈妈给我说，人都有艰难的时候，将心比心，人要善良才好。

2008 年，妈妈和爸爸搬到了县城。每次回家，所有用过的瓶瓶罐罐、纸箱满满的一屋，打扫卫生要扔掉，妈妈就是舍不得扔，说是可以卖钱。我常说，这房子是用来住的，要经常收拾收拾，不能用来装垃圾。她说，以前有多困难，现在日子好了，也不能忘本，这些东西丢了可惜。直到最后发现她总会去外面带回一位老人家，悄悄把东西送给那位老人家，我似乎才明白了妈妈的用意。

其心至善的妈妈

这就是我的妈妈，平平常常的一位老太太，但其心至善。

菽水承欢，全心敬爱

在我们家里，如果有什么可以表扬一下的，那就是孝顺。村里的邻居也是这么看的，其中有一位邻居曾说：“他们这一大家人，孝顺怕是好多家庭学不来的。”谈起孝顺，我想讲一个真实的故事。虽然这件事已经过去好多年，但是我们整个家族都忘不了。

陪爸爸妈妈过生日

但我从哪里真正亲眼感知孝顺，我想主要是得益于我妈妈的言传身教。

奶奶能活到九十高龄，可以说妈妈是居功甚伟。

一是尊敬，无怨无悔。妈妈侍奉奶奶几十年，没有见过她对奶奶有过高声大气。家里困难的时候，有好吃的肯定会留给我奶奶。奶奶病了，妈妈就会变着法做好吃的给奶奶。可是奶奶也很少会吃。往往就是奶奶尝一点儿，剩下的就叫我去床边帮忙解决了。这一点妈妈是有意见的，但也最多轻言细语说几句：“妈，您这也是，做您吃的，您就吃了嘛，每次给您留点儿东西，不是放坏了，就是给别人吃，这样子给您留下又有什么用呢？”

二是用心，尽心尽力。大概是 1978 年，奶奶牙疼。我叔外公就送了几只鸭子给奶奶，说鸭肉可以清火。爸爸不在家，妈妈以前没有干过杀鸡鸭这种活，但又等不及爸爸回来，我们也帮不上忙，妈妈实在没有办法了就抓了一只，把鸭脖子垫在锄头把上，闭上眼睛，一菜刀下去，半天没敢睁眼睛，好不容易睁开眼一看，鸭子在屋里转圈，她以为没砍着，好半天回过神来才发现手里紧紧握着的是已经砍下的鸭头。

慈母爱子，教子有方

回想我这一生，少时顽劣，一个初中能读六年，真正能让我有机会浪子回头的是家里给我的“善念”，是妈妈给我的自强不息的精神。

初三中考后，我以“无可争议”的成绩名落孙山。在农村，这就是一个十字路口：要么继续复读，要么回家娶妻生子。我们农村管调皮的男孩子有一个绝招，就是给说门亲事，找个媳妇，家家屡试不爽。我家也未能免俗。

由于我家人缘好，我刚一回家就有婶婶上门提亲了，女孩儿是她三姐家的姑娘，这真是把妈妈给急坏了。现在仍记得，妈妈那一晚念叨最多的一句话“如果你不读书，这一辈子就完了”，那就像警钟的声音，一直萦绕在我耳旁，警醒着我。“游侠”梦是碎了一地，大侠没有当成，务农似乎是铁定了。

想了好久，找媳妇，完全没这个心思，只有恐惧，心里逐渐有了补习继续读书的想法。幸运的是，在妈妈的拼命坚持下，终于有一个学校肯收留我，重新读初中。或许是知道妈妈的不易，我真的坐下了“冷板凳”。

回到学校以后，这算是真正开始读书了，不打架了，也不玩了。由于前三年基本是在打闹中度过，基础太差，补习第一年中考的时候差 25 分，英语只考了 5 分；补习第二年英语成绩只考了 15 分（以为凭其他五门课程就可以考上，没想到竞争到最后的全是高手，其他五门课照样是高分），仍然没过；补习第三年，爸爸妈妈没有信心了，家里其他人也有些失望了，学校附近的人看见我也开始指指点点了，偶尔听见他们说，这人都快读成老学生了，但我还是硬着头皮读了下来。

我们虽然是在农村，但全校师生也有 1300 多人，全校就我一人住校。学校没有食堂，冬天就在学校办公室烤火的炉子上用饭盒煮饭（将米淘好装上水放在炉盖上），饭熟了就蘸着一点儿辣椒（罐头瓶，一周一瓶）吃，吃完继续读书。这个初三的冬天就是这么过来的。这一年我终于考上县一中——湄潭求是中学。

考上高中，我发现再不把英语补上去，高考就不用想。于是高中三年三分之二的时间我都用来补习英语了。这三年我没有去看过电影，没有看过一本小说，没有买过一袋瓜子，所有时间全用来读书，所有零花钱都用来买资料，也许是皇天不负苦心人，高中没有补习，直接考上自己梦想中的吉林农业大学。

我想，我能最终脱胎换骨，如愿考上大学，现在看来，和母亲对我的谆谆教导不能相分离，也和母亲身上特有的品质不可相分离。

家风感悟：薪火相传，代代相继

现在国家大力提倡加强家风建设。我一直很感恩，也很感谢我的原生家庭。家人身上散发的能量，给予我的力量，足以让我受益终身。他们用无声的行动，向我诠释了最深的善良，正是在他们的潜移默化教育下，我才坚守了家的根脉——心存善念，以孝事亲。

创业守“根”，懂得感恩

树高万丈不忘根，人若辉煌莫忘恩。大学毕业后是我事业的开始，当时我一心想回家做农业，经当时贵州科学院院长向应海叔叔指导，义无反顾去了广州。为了学更多的农业知识，我选择在金宝利工作。后因相识三立管理顾问公司的老董事长毛敬伟先生，真正开启了我事业的开端，也是我兑现承诺的二十年。

这二十多年来，我始终初心未改，“三立企业管理顾问公司”始终追求“立德、立功、立言”，秉持“育济世英才、谋企业永续、筑大同之基”的经营理念，牢记毛敬伟先生“企业经营始于教育、终于教育”的理念，将培养具有家国情怀的人才作为第一要务。

道路虽然艰难，但对毛先生的承诺未敢一日有忘。我们已经完成了具有独立知识产权的三立企业运作玄机思想理论，以及实施思想理论的方法工具体系。三立顾问深度参与成就了数十家企业，有些已成为该领域领军企业，培养了数以千计的人员，不少人已成为企业栋梁之材。

最近，我认真思考家风对于我创建三立顾问公司影响，为了理想，这一条艰辛的路，能坚守承诺 20 多年。我想没有家里给我培养的吃苦耐劳精神，怕是坚持不到现在的。没有爸爸给我的顶天立地，敢作敢为的担当精神，没有家人心存善念，利他奉献精神，我想就不会有这么多无怨无悔跟着我走南闯北的伙伴。

诚意、正心、修身、齐家、治国、平天下。我们家风也好，企业精神也好，齐家也好，还是治企也好，我想大道都是相通的，只是演绎的方式、形式不同而已。

2014 年，三立顾问公司与嘉兴学院南湖学院共同创立了“南湖·三立卓越管理精英班”（少帅班）。我开学第一讲第一句话就是：“从今天开始，你们不能为自己活，要为他人活，为天下苍生活。”我把对少帅班学生的要求，写成了《少帅精神》这首诗：

根植传统，放眼未来；
格物致知，诚意正心。
达济天下，穷善己身；
厚德载物，自强不息。

之所以这么要求学生，是我多年的人生经验与感悟，这样他们会少走很多弯路，也会走得更稳、更远。

育儿守“根”，宽严得体

从我的经历来看，一个人健全的人格首先来自于家庭，来自于长辈的言传身教，来自于家风的熏陶。正是在我淳朴的家庭教育环境下，才有了我的今天。对于我的孩子，我和我爱人对他们的教育理念是一致的。

一是守原则，有底线。我从小顽劣，不媚上，眼睛也不藏沙，干过那么多蠢事，还能走到今天，总起出来就是因为我的家庭给我的宝贵财富。对于儿子的教育，我始终坚守“六字原则——忠孝、诚敬、耕读”。

在我记忆中我唯一打过他一次，原因是我发现客厅茶几下有吃完了的食品包装袋，问是不是他丢的。本来是一件小事，他却说是哥哥丢的，结果是他撒谎！得知情况后，我让他背“六字原则”，他反复背忠孝、耕读，就是不说“诚敬”，后来看实绕不过去了，就把手伸了出来。这次打得有点儿重，但他没有哭，估计他知道是自己错了。

这孩子，现在已经18岁了，也没发现他有什么严重的不诚信行为，这一点大概是可以聊以自慰的。

二是不忘根，不忘家。我觉得，家的作用永远无法被学校教育所代替。他一个人待在我身边长大，老家里的兄弟姐妹成了外人，那他的一生是孤独的，再多的家财也是贫穷的。如果他在老家这个大家庭里长大，我想他长大会是有爱的，有那么一大家子爱他，更重要的是他的心里也有太多可以爱的人。

所以，我们一直坚持，在孩子的寒暑假，将孩子送回老家，和家里的其他兄弟姐妹一起长大。

三是从小学，不忘本。爸爸上过私塾，他知道怎么给孩子启蒙，怎么教小孩儿也是轻车熟路。从儿子三岁时起，爸爸便从《三字经》开始教，然后《弟子规》《增广贤文》《声律启蒙》《唐诗三百首》《千家诗》《诗经》《论语》《大学》《中庸》《孟子》《金刚经》《道德经》《周易》等传统经典，儿子在小学毕业前已经能够全部背诵完。

也就是在这种平等的教育环境下，我和孩子们的关系处理得非常好。我们的关系，父子之情胜似兄弟之情。现在他谈了女朋友都会告诉我，还愿意和我分享他生活中的故事。

我一直在想，儿子他们生活的这个时代，和我小时候相比，有着天壤之别。但是，我一直坚守，无论社会怎么变，中国文化的根不能变，“忠孝、诚敬、耕读”的家风始终不能变。

结语

家风无言，润物无声。一路走来，我很感恩，也很感谢我的家庭。感念父母给予我生命，感念家人用最无言的“家风”教会我做人做事。这个“根”犹如明镜，照亮我心田，指引我正确的前进方向。我想，无论以后的人生路途再怎么波折，我都将始终抓紧我的“根”，薪火相传，代代相继。

第十章　家风端正，润物无声

焦新建口述，刘丽娟撰稿

焦新建，陕西省西安市鄠邑区（原户县）玉蝉镇水北滩村人，出生于1972年10月2日。现为广东精茂健康科技股份有限公司董事长，东莞市承恩健康科技有限公司总经理，东莞市工业自动化行业协会理事，东莞市企业文化协会副会长，华商书院东莞校友会常委、执行会长。

我叫焦新建，我认为家风建设的关键在于家长的言传身教。家长首先要成为家风建设的有心人，才能有意识地创立自己的好家风，言传身教，潜移默化，延续自己的好家风，使整个家庭与子女甚至社会受益。每一个人都生活在一个原生家庭中，原生家庭家风好，子女就会茁壮成长；原生家庭不重视家风建设，子女可能会走弯路。好的家风会有一些共同的特点，如良好的道德氛围、健康的思想氛围、积极的情感氛围、认真的学习氛围、节俭的生活氛围等。现在分享一些助力我成长的父母亲和家人们的事例。

我的母亲：教育为本，勤俭持家

我的母亲叫宋彩迎，出生于1949年，今年73岁，是位地地道道的农村妇女，也是家中的独生女。她为人善良，在我成长过程中，基本上对我没有特别严厉的打骂和训斥，更多的是包容和关怀。

知识就是力量，知识改变命运

历史上有“孟母三迁”“岳母刺字”，我家有“焦母择校，为子上学”。因为那时候农村特别穷，大家都想到城市里去。虽然只有初小文化，但我母亲深知只有考上大学才能离开农村到大城市工作，并吃上商品粮（在当时特流行）。所以母亲特别重视教育，从小就教导我和哥哥一定要好好读书，经常告诫我们，哪位邻居、哪位亲朋考上大学了，现在在大城市上班了。小时候我一直在村里面的学校读书，因为村里的师资很匮乏，都是民办老师，老师工资经常都发不上，而且老师还要照顾家里的农活，所以大家学习成绩都挺一般。重视教育的母亲看在眼里，急在心里，打听到县城南关中学的教学质量很好，就想方设法把我转到县城中学去读书。为了我能够有良好的教育环境，母亲四处求人帮忙，打听转学信息。在我读初三的时候，终于转到县城读书了。

母亲 68 周岁庆生照

我刚来县城读书时，曾寄宿在表叔单位宿舍。白天和同学们在一起上课，下晚自习后，一个只有 12 岁的小男孩，从未离开家里，独自一人走在下雨的陌生街道上和昏暗的宿舍楼道里，不由鼻子一酸眼泪就涌了出来。但我想到父母的不容易，又及时调整自己的状态，努力学习。想家了，就暗暗算着距离周末的日子。每次周末回家，母亲会给我带很多干粮返校，周日中午饭后就开始忙碌着给我烙饼（周日晚上要赶回学校上晚自习）。离开家时除给我装好一大袋干粮，还不忘塞钱和粮票到我衣袋（有时遇到青黄不接的时候，这些钱和粮票还需要找邻居去借）。

经过几年在县城的不懈努力和求学，我终于如愿以偿，考上了本省一所重点名牌大学——西安电子科技大学（原西北电讯工程学院），并报考了电子材料与元器件专业。在那个年代，也算是村里的第一个重点大学本科大学生。那时候，我母亲经常露出欣慰的笑容，也感受到母亲内心无限的骄傲与自豪。望子成龙，望女成凤，是每位父母的期盼，我父母也不例外。

至今，我都特别感谢我母亲，感谢她对我教育的重视，不然，我现在可能和村里同龄人一样，留守在农村，面朝黄土背朝天，也不可能有自己今天的事业。

勤以持家，俭以养德

“一粥一饭当思来之不易，半丝半缕恒念物力维艰”“节俭是立身之本，要勤俭节约”。母亲在日常生活中都非常节俭，剩饭剩菜都舍不得倒掉，直到现在还是这样的习惯。我和太太回到老家后，我太太第一时间就是开始清理老家的冰箱，里面全是剩饭剩菜。刚开始我太太还不理解，后面也慢慢了解了老人们之前的不易。

记忆中家里一直养着两三头猪，到年底的时候就会全部卖掉，这笔钱基本是是全家人一年的全部开销。柴米油盐酱醋茶都是买最实惠的，精打细算过日子。还记得母亲在商店挑选商品时，总是反复对比它们的质量、价格，甚至将几家小卖部的同一件物品进行对比，选择最实惠的，真的是“货比三家”。直到现在很多陪母亲一起逛街的人都还非常不理解，觉得我母亲太挑，逛街比来比去，真是浪费时间。殊不知母亲那个年代是吃了上顿没下顿的年代，过日子最讲究经济实惠。直到现在，我家还秉持着“节约光荣，浪费可耻”的传统。以至于我在成年后的工作和生活中，也学会了节俭节约，不铺张浪费。

家庭聚餐合影

忧劳可以兴国，逸豫可以亡身。过日子精打细算的母亲，还特别爱干净，特别追求生活品质。小时候我家住的是土房，里面灰尘很大，地面是坑坑洼洼，高低不平的，墙面也都是泥巴糊的，很容易沾灰在身上。就是在这种环境下，母亲仍然把家里收拾得井井有条，地面每天要洒几遍水，地面打扫得干干净净。家里衣物虽然打了很多补丁，但是母亲都收拾得干干净净，不让我们穿着脏衣服外出。我们的土屋被母亲装扮得特别温暖，每逢春节前夕，母亲都会找来报纸在土墙上糊上报纸，然后在报纸上贴上年画。后来条件稍微好点儿了，母亲会在土墙上粘上隔离板（因为报纸很容易碎烂）。小时候我家虽简陋，但很温馨。

因为工作忙碌的原因，直到 2016 年，考虑到父母年纪已大，应该让父母安享晚年，才决定重新翻建祖屋，改善父母的居住条件，在旧址给父母重新盖一栋楼房（虽然之前帮父母已经在别处另外建造了一处楼房，但是在十字路口，环境太吵闹，进出也不安全）。住上新楼房后，母亲更热爱生活了，每天都过得很认真，每天要把庭院打扫一遍，家里一尘土不染，特别干净整洁。

农村老家照片

母亲严谨、认真的生活态度深深感染了我，我也特别爱收拾，特别爱干净。工作上、生活上，都是收拾得整整齐齐，我办公桌上书籍、文件都是有条有理归好类，我的电脑盘里，所有资料都是分门别类存放着，所以我找东西比较快，工作效率比较好，这要感恩于一直以来我母亲的影响。

好女人，是一个家最好的风水。小时候我家虽不算富裕，但是一家人填饱肚子还是没问题的，这应该归功于母亲勤俭持家精打细算的生活作风吧。那时候，我们村经常有人上门讨饭，虽然家里余粮也不多，但母亲都会给上门讨饭的人送上干粮，然后自己又开始省吃俭用，“抠抠搜搜”过日子。见证了父母以及邻里的善良，在我心中从小就种下了喜爱帮助他人的种子。参加工作后，我也积极做慈善，感恩父母，报答社会。

我的父亲：勤劳善良，刚正不阿

我的父亲叫焦兆斌，出生于 1946 年，今年 76 岁。父亲虽然是位普普通通的农民，但是有思想有情怀。小时候因为家里兄弟们多，所以他家里特别穷，没办法 17 岁就入赘到我母亲家。我母亲在家里是独生女，爷爷奶奶身体都不太好，常常生病，所以家里的担子都落在了我父亲这个上门女婿的肩上了。在那个年代的农村，外来入赘的人会被村里人看不起和排挤的，但我父亲非常有自信，丝毫不介怀，凭自己的辛勤勤劳和积极上进，赢得了全村人的敬重，大家都乐意与我父亲交往。直到现在，村里的大小事情，大家都会找他商量并请他出面协调。

勤劳付出，乐于助人

父亲的人缘非常好，与村里邻里之间一直相处得都非常融洽。这与父亲大方待人认真处事、从不计较得失、只要能帮上忙的他一定会出手帮忙有关，时间长了，也深得村里人的喜爱。也因为如此，父亲倒是经常被母亲“数落”，因为他为了帮助乡亲们，常常会丢下自家的活儿而去帮邻里干活。父亲乐于助人的品格，深深影响着我，我长大以后也自然而然地如父亲一样，也是总是希望力所能及地帮助需要帮助的人。

父亲虽然干活儿很累，但是对家里人却很宽容，几乎从来没有对家人发过脾气。还记得小时候，我们村的生产队种植大棚西瓜，当时管理西瓜种植的是一位山东人，他特别负责任。西瓜清爽多汁，很爽口，超级脆甜，甜而不腻，小时候的我特别爱吃，但家里很少买。那年夏天，我特别想吃西瓜，于是和村里好几个小伙伴相约一块到西瓜地偷西瓜，刚要得手的时候，被这位管西瓜的山东人逮了个正着。于是他通知我父亲来生产大队领我们这些孩子回家。回家后，我吓得不轻，胆战心惊，想着父亲一定会责骂甚至恶揍，但是父亲并没有责骂我，只是说了一句：“以后想吃什么，就告诉大人，不要随便拿别人的东西。”当时的我顿时松了一口气，同时自己反而感到很自责，很内疚，内心久久不能平静，总觉得特别羞耻、特别丢脸。教育学家叶圣陶先生说“教是为了不教，管是为了不管”，父亲在我犯错误的时候以“适当放手”的方式去管教我，正是给了我自我成长的机会，给了我思考的空间，让我深受启迪。

面对无言的父爱，有太多太多美好温暖的回忆了。父亲年轻的时候是个手艺很好的木匠，那个时候有手艺的人很受人尊重，每次去外面干活有好吃的，自己都会省下来带回家拿给我和哥哥吃。

因为手艺好，我们村里有人家建房子，都会请父亲，父亲也是乐此不疲。前几年村里面修建庙宇，请父亲出山做义工。那时父亲已近花甲之年，完全可以婉言拒绝，但是父亲一口答应，发挥自己的余热，丝毫不顾及自己的年龄。如此乐善好施的父亲，我该如何劝说呢？

父亲宁可别人亏待他，却丝毫不愿意去亏待别人。“吃亏是福，不要害怕吃亏”就是他的口头禅。

父母在天安门合影

做正直的人，做正确的事

我父亲是位老党员，他为人处世正直，原则性很强。记忆中做过我们生产队的小队长、大队长，还做过我们村委会的书记。父亲任职期间，兢兢业业，为我们村老百姓干了很多实事：修马路、分田地、帮扶孤寡老人等。父亲廉洁意识很强，清廉讲规矩，不多拿公家一分钱，深受到村民的拥戴，是位方圆百里口口相传的好书记。

随着父亲年纪的增大，他卸任了村委会书记。虽然卸任了书记，但是还是一直关心着村里的大小事情。眼里揉不下沙子的父亲，对于后面新上任书记的工作作风很是看不惯，认为新书记没有尽全力为老百姓办实事，办好事，常常在村党委会上与新书记争得面红耳赤，甚至几度要去上访，硬被我母亲拦下来。我知道此事后，也多次劝说：“既然您已经退下来了，年纪也大了，村里的事情就不要管了，年轻干部有年轻干部的干法。”虽然父亲面上不说，心里还是不爽快，后面偶尔还是耿耿于怀。我觉得，这是一种共产党员的责任和意识，驱使父亲情为民所系，利为民所谋。秉公办事，刚正不阿，这就是我父亲的党性使然。

父亲的思想很活跃，什么事情都不甘人后。在 1992 年邓小平南方谈话之后，我父亲大胆承包了乡镇一家集体淀粉厂，主要生产经营淀粉，利用玉米做成淀粉出售，前期经营不错，带动兄弟们挣了不少钱，也改善了家里的生活质量。后面因为市场原因，厂子开始亏损；祸不单行，因为管理不善，厂里发生了重大事故，淀粉烘干车间发生粉尘燃爆。因为淀粉厂粉尘细小，细小的粉尘一遇到火星容易燃爆。事故后，损失惨重，不但机械设备报废，原料半成品烧毁，厂房也不同程度受到损坏，而且还有部分人员受伤。事后，虽然厂子遭受重大损失，但是父亲还是挨家挨户给受伤的工人送去赔偿慰问金。正是父亲的这段经商经历，促使我对企业管理产生了浓厚的兴趣，我在大学期间辅修了企业管理专业，这也为我工作后走上企业管理岗位打下了一定的基础。

勤劳苦干，责任担当

父亲刚来我们村，完全是白手起家，凭借年轻肯吃苦的劲头，勉强在村里站稳脚跟。记忆中，父亲在生产队工作时，在粮仓，从一楼扛到二楼粮仓，一麻袋有 200 多斤，父亲完全不在话下，来来回回，一天要工作十几个小时，才能赚几个工分。不怕苦，不怕累，这就是我父亲的生活写照。父亲的身体一直很好，现在 76 岁了，除了血压不稳定，身体很硬朗，可能归功于他心胸开阔的原因吧。我父亲话不多，是位实干主义者，说得少干得多。父亲话虽不多，但是说话很实在，能让人信服。父亲那个年代的人，吃了很多苦，生活很艰辛，但我从来没听父亲抱怨过。父亲是老党员，他见证了新中国的成立，见证了改革开放 40 多年翻天覆地的变化，见证了中国人民从站起来、富起来到强起来的过程，时常忆苦思甜，教育我和我的俩闺女要感恩党，感恩社会主义，感谢我们伟大的祖国，要脚踏实地学习工作。“家有一老，如有一宝”，父亲深深影响了我，现在跟他聊天，能感受到他晚年生活的幸福感。

父亲年轻时候为了生计，整个冬天在深山老林里面伐木，衣食住行都是在山里。吃饭饥一顿饱一顿，也没有什么肉食和青菜，白水泡饼加咸菜是经常的事情。伐木是非常艰苦和危险的体力劳动，但是为了养家糊口，父亲坚持到了春节前才返回家里。听父亲说，当时回家时披头散发，衣衫褴褛，胡子拉碴，都没有了人样，后来父亲每当讲起这段经历的时候，我都会心酸，感受到父亲当时有多么不容易。

父亲是条河，流转着岁月，诉说人世的沧桑；父亲是片海，擎起了太阳，放飞天空的翅膀；父亲是座山，坚韧起脊梁，挺拔大地的芬芳。

记得有一年，父亲去西安市建筑工地做木工，大年三十那天，天空中下起了雪。我一边帮母亲打扫院子，一边等父亲回家。突然，父亲的身影映入了我的眼帘，看着父亲肩上扛着一大包木工工具，另一只手拎着行李包，背上还背着大棉被。我赶紧帮父亲接住行李，母亲在一旁问父亲是怎么回来的，结果父亲说是走路回来的，我的眼睛马上就湿润了。父亲为了省钱，竟然从西安市区扛着工具和行李，背着行囊徒步回家，要走差不多 50 公里路程啊……

父亲的爱是深沉的，父亲的责任担当也是伟大的。他不一定是最优秀的男人，却是最伟大的父亲。默默无闻，不辞辛苦，辛勤劳作的父亲，一直是我最敬重的人！我曾经为伟大的父亲写下这样几句诗：

父爱如山，深沉有力，为我遮挡狂风暴雨；
父爱如水，沉默温柔，为我抚平内心的伤痕；
父爱如日，温暖灿烂，为我照亮心灵最阴暗的角落；
父爱如月，无闻淡雅，即使在最阴霾的日子里也能给予我希望的光芒。
父爱如歌，悠扬厚重，给予我生活的动力；
父爱如海，宽阔坦荡，包容我的无数过失。

家风传承：有德有爱，言传身教

家风是一盏灯，照亮我前方的路。家风是一条路，伴我走向光明。家风是一面镜子，时刻发现自己的弊端。

有德才有福，有爱才有家

我自己有两个女儿，大闺女的性格像我多一点儿，细腻善良踏实，喜欢看书，文笔比较好，学习上没让我们操过心。目前在哈尔滨体育大学读大一，体育新闻类专业。现在每天都会在微信上保持联系，亲子关系很融洽，大闺女会经常分享在大学的生活阅历。每周末大闺女都会给爷爷奶奶、外公外婆打电话，爷爷奶奶、外公外婆接到孙女的电话，特别开心，幸福。闺女寒暑假回家，如果来客人了，都会端茶倒水，嘘寒问暖的，主动关心关爱他人。我时刻告诉她，勿以善小而不为，无论在家里家外，都要多尊重他人，尊老爱幼，多做善事。“勿以善小而不为，勿以恶小而为之”，这是祖辈传承下来的优良传统。

“一龙生九子，九子各不同。”小闺女聪明伶俐，性格像母亲多一点儿，比较外向，大大咧咧，不拘小节。平时喜爱叽叽喳喳，但情绪不够稳定，容易受同学朋友言行的影响，我有机会就跟她谈谈心，引导她不要活在别人的评价里，要做好自己，不要太在意别人的看法，要自信。我的小家庭很民主包容，两个女儿跟父母就像朋友一般，所以在我们面前也会吐露心声，畅所欲言，她们经常开玩笑叫我“老焦”。有一次，小闺女跟我分享和小伙伴之间的矛盾，向我抱怨，讨厌同学 A，不喜欢她的某方面性格，我抓住机引导她多看到别人的优点，人无完人，学会包容和接纳很重要，先把自己的事情做好。“穷则独善其身，达则兼善天下”，先别搭理他人的品头论足。现在小闺女懂事多了，我从外地带回家的特产，她都会拿到学校主动跟同学朋友分享，变得越来越大气，越来越阳光。

殷勤恳切，培育后代

家风就是一种传承，提高亲子陪伴质量很重要，以前家里条件不好，读初中还跟父母在一间房间睡觉，但客观效果上也增加了与父母的相处时间，增进了亲子关系。我现在也特别重视对两位闺女的陪伴，每天有时间我就会送她们上学。在上学路上，我会跟孩子们聊很多，"有没有哪里需要爸爸帮忙的？""最近有什么想跟爸爸分享的吗？""爸爸知道，你是位很棒的孩子，自己的事情自己做。"这些是我经常与孩子们的话题，孩子们特愿意跟我分享生活学习中的所思所想。跟我的关系像铁哥们似的，小闺女还经常搭着我的肩膀，挽着我的胳膊，跟我唠嗑。我觉得培养孩子不仅要注重时间，更要关注陪伴的质量，增加家庭的温馨幸福元素。言传身教，培育好下一代，也是对孝道的传承。

国是千万家，家是最小国。国家是人民的家，家风一定程度上可以代表一个国家的风气。它要靠人民的努力，遵纪守法、互帮互助，一个国家的繁荣昌盛，不仅仅是物质上的丰富，在我看来，更重要的是它的风气，一个国家一个朝代的风气，决定了它的衰与胜。只有社会风气好的国家才能国富民强，才能称得上是真正的强国。家庭是社会的细胞，只有家风如雨，幼苗才能茁壮成长。希望在我营造的家风下，我的一家四口能够其乐融融，幸福生活，弘扬社会主旋律。

"勤学如春起之苗，不见其增，日有所长；辍学如磨刀之石，不见其损，日有所亏"。以前我读小学时，在村里面就近读书，距离家里大约 5 里路程，每天早上听到鸡叫就醒了（那时候没有闹钟）。大概早上 5:30 步行前往小学，做早操，早读。7:00 早读结束后，我会跑回家吃早饭，吃完早饭后，接着返回学校读书学习。下午放学回家，主动干农活儿，割猪草，煮饭，蒸馒头，煮饭。每年 5—6 月要捡麦穗，然后拿到学校去换学习用品。我是家庭一分子，积极参与家庭劳作，每天早起学习，学习家务两不误。现在对待我的两孩子也是这样，培养她们勤学苦学的毅力，"读书破万卷，下笔如有神"的积累。三更灯火五更鸡，正是孩儿读书时。我闺女有早睡早起的习惯，早起后一般她自己会早读，预习新知识，巩固旧知识。当然，她们也是一家四口的一分子，家务劳作少不了。经常引导两闺女增强家庭的责任感，积极参与家庭建设、家务劳作。我小闺女会做烘焙，擅长西餐的烹饪，经常会别出心裁地做点儿西餐给我们家人分享。别把孩子当孩子看，他们也是一个独立的个体，我特别重视对他们独立意识的培养。“骐骥一跃，不能十步；驽马十驾，功在不舍；锲而舍之，朽木不折；锲而不舍，金石可镂。”对家风的传承，对孩子的教育，关键在平时生活的点点滴滴，利用好每次陪伴相处的时机，树立优良家风，传承中华孝道文化。

家风之力：以家促企，责任担当

孝有三重境界：小孝养父母之身，中孝养父母之心，大孝承父母之志！我出生在淳朴的农村家庭，父母亲一辈子踏踏实实、勤勤恳恳。正是父母为人忠厚、待人真诚的朴实感染了我。从小暗下决心，一定要像父母一样帮助更多人，养父母之身，养父母之心，承父母之志，让父母因为有我这样的儿子感到骄傲，感到自豪！

民生与经济共发展，事业与责任两肩挑

在经营公司（广东精茂健康科技股份有限公司）的过程中，我始终秉持着商业发展与社会责任同行的管理理念。在我眼里，重视企业和企业家的社会责任是一个企业不可或缺的企业精神和内涵。我从 2004 年自己开办公司以来，重视弘扬德孝文化，塑造企业精神，投身公益事业，在提升企业文化软实力方面做了不少事情。在 2022 年 2—4 月，东莞发生疫情，我积极弘扬抗疫精神，组织员工支援东莞抗疫，召开数次会议，传达东莞疫情防控要求。我公司员工们争先恐后报名，请愿参与工厂所在社区的防疫工作，争做志愿者，为东莞的防疫工作献上自己的力量。

2008 年汶川地震，我公司规模虽然一般，比不上大公司，但也积极通过东莞红十字会献爱心，捐钱出力。目前，我也参加了湖南省涟源市桥头河镇

大屋希望小学的扶贫攻坚项目，参加了广东普宁市高埔镇山下小学的资助，每月会从公司账户扣钱，支援贫困地区，助力乡村振兴，实现共同富裕。我们公司还时不时开展献爱心、送温暖、慰问孤寡贫困老人活动。我一人的力气是渺小的，也是有限的，但我坚信，14 亿人心往一块想，劲往一块使，我们国家，我们民族会越来越好！

温暖如春，爱心浓浓，是我们精茂公司的人文情怀。广东精茂是个大家庭，我是这个家庭的长子。在五六年前，我们公司的一位保安确诊为癌症，公司组织全体干部员工积极捐款，解决了保安大哥的手术费用的燃眉之急。病情稳定后，生活还得继续，保安申请再次来公司上班，我能做的是，尽可能地减轻他的工作量，让他更加有尊严地工作……

捐赠证书
大屋希望小学落成
情系大屋 爱满人间
尊敬的 焦新建 先生/女士：
感恩您用大爱参与捐建湖南省涟源市桥头河镇大屋希望小学，让我们与爱同行，把爱传出去！
特赠此证，以作纪念！
涟源市人民政府
涟源市教育局
东莞展能LP40团队
二〇一四年十一月二十三日

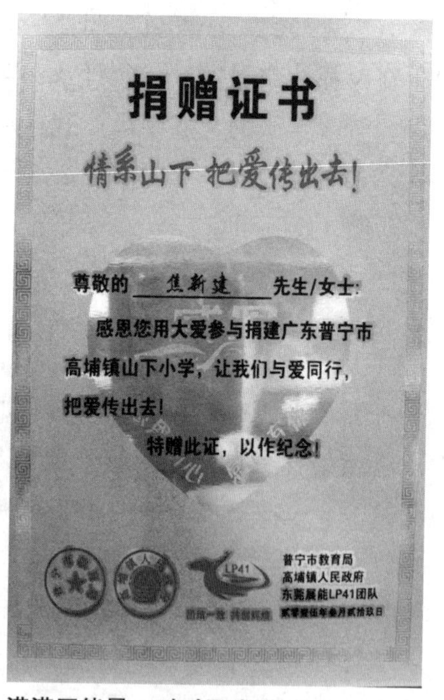
捐赠证书
情系山下 把爱传出去！
尊敬的 焦新建 先生/女士：
感恩您用大爱参与捐建广东普宁市高埔镇山下小学，让我们与爱同行，把爱传出去！
特赠此证，以作纪念！
普宁市教育局
高埔镇人民政府
东莞展能LP41团队

公益一起做，争抢献爱心，满满正能量，时时思感恩

我们公司的凝聚力是很强的，公司开办 18 年来，80% 的职工是老员工，跟着打拼好几年，干部队伍也很稳定。在精茂大家庭，我作为“长子”，尽可能多地给予员工爱和温暖。不定期开展献爱心、送温暖、慰问全县孤寡贫困

老人活动，激起员工们内心的善念。有结婚、生子、变故的员工，我都会献上红包和祝福。我认为，公司挣不挣钱与员工的年终奖发放没有直接关系，公司经营好坏是管理层的事情，员工辛苦一年跟着打拼，必须表示一下。每年过年我都会尽可能多地给员工年终奖，是鼓励，是鞭策，更是我对他们一年辛苦付出的感激。尽最大能力提高公司员工的待遇和福利，其中包括公司提供免费吃住等基本生活保障。探亲假来回路费给员工全额报销，鼓励大家常回家看看。

做企业和做人一样，我们应该承担更多的社会责任，回馈社会。帮助社会上那些需要帮助的人，特别是自己身边的人，自己的家人，自己的员工，自己的同事。我一直热衷于公益事业，主动承担社会责任，不断投入资金，开展了多种形式的活动，为弘扬社会正能量做出了积极的贡献。民生与经济共发展，事业与责任两肩挑，是我的奋斗目标，也是我的父母，我的家庭对我寄托的厚望。

涵养家风，纯洁企风

“百善孝为先，孝为德之本，人无孝不立。”在公司，我特别重视员工对待父母的态度，对待父母不好的员工，工作能力再强，我也不喜欢。

平凡之中见伟大，小事之中见美德。每人都有父母，都有子女，都有家庭。我很看重员工的家庭建设，我的员工80%属于东莞“外地人”，为了生计，他们的子女和父母大部分留守在老家。每年寒暑假，我都会倡导员工把父母和孩子接来精茂大家庭聚聚，让孩子和父母享受爱的双向互动。我们公司有一位老干部的姐姐，不幸患上癌症，我们精茂公司也积极作为，给予人文关怀。施恩勿念，受恩莫忘，跟着自己内心的教养走，跟着自己的善念走。

创新思维，全新理念打造养生器材

成就源于奋斗，胜利来之不易。广东精茂健康科技股份有限公司是中国专业的线性驱动器/升降马达生产厂家之一。现有专业技术工人及管理骨干

100 余人。精茂健康注重创新能力和创新思维的培养，目前具有 48 项实用新型专利，2 项外观专利，4 项发明专利，3 项高新技术产品。

以孝治企，以爱立业，公司才能发展起来，实体经济才能实现振兴。我公司从 2004 年的东莞市精茂机电制品有限公司一步步发展，壮大，离不开企业先进理念的打造，离不开创新思维能力的培养，更加离不开德孝文化的传承。通过弘扬和传播德孝文化这一传统美德，积极倡导孝敬父母、尊敬长辈、悌爱兄长的道德风尚，努力营造感恩父母、感恩社会的良好公司人文环境，推进文明和谐公司建设的进程。

深怀爱老之心，恪守敬老之德，力行孝老之举。承恩健康科技是广东省精茂公司旗下的控股子公司，承恩以“大爱”为核心文化，专注于中老年人健康养生事业，以为中老年人创造健康快乐的生活为使命。公司围绕更好的“敬老”“养老”“预老”的目标，全力打造中国最贴心健全的中老年人健康产业生态圈，致力为中老年人提供最贴心优质的产品和服务，赢得了社会广泛的认可和美誉。承恩公司以资源共享、智慧融合、财富共赢为利器，营造互慧互利，持续营利的理念，在全国范围内谋求长远发展，更好地服务于中老年人的健康生活。这个项目得到了社会各界的广泛参与，积极实践，产生了共鸣。有效地提升了年轻人的思想觉悟、道德水准和文化程度，形成了“以孝为美”的良好风尚。

孝道是中华伦理道德体系的起点，百善“孝”为先，承恩健康科技秉承“大爱”的企业核心文化，感恩于人，感恩于事，感恩于社会；至今已与多家公司、医院、工厂、平台合作，研究、创新、推广大健康产业高科技产品，不断积累经验，开拓创新；公司拥有执行力强的精锐团队，包括企业战略规划、企业宣传、技术研发、营销管理、IT 开发，客户服务等专业团队，并在不断发展壮大中。我始终认为，伟大的事业孕育伟大的精神，伟大的精神也会推进伟大的事业。

涓涓细流，汇成大海；点点星光，照亮银河。为适应不同老人的养老需求，造福更多的老人，我带领团队开始向基础养老、中高端养老智能装备发展。让老人们老有所养、老有所依、老有所学、老有所乐、老有所为，创立以学养结合、医养结合、养老、养生的现代养老模式，让老人们放心、快乐、有尊严地安度晚年。

羊有跪乳之情，鸦有反哺之义。我认为，孝是一切德行的起点，是一切德行的基础，更是放之四海而皆准的生存法则。不论经营企业还是家庭生活，无论是对企业的孝文化建设，还是给社会做慈善，始终坚持践行“孝行天下”，以自己的身体力行感染和带动身边更多人，传统孝文化必须融入血液里。没有比人更高的山，没有比脚更长的路。只要我们勇于登攀、精益求精，从严从实做好本职工作，坚定不移办好自己的事，就一定能不断创造令世人刮目相看的新奇迹。就算事业做再大，走得再远，都应该不忘父母，不忘根本，不忘初心！

结语

勤俭治家之本，和顺齐家之本，谨慎保家之本，诗书起家之本，忠孝传家之本。家风，给予我扬帆起航的力量，在记忆里深陷，重温。我怀念家乡的古井老屋、莺歌燕语；但更怀念的是父母在我幼小心灵种下善的种子，播撒爱的光芒。无论前路如何艰难，我都不忘本源，感恩一切，所向披靡。

采访感言录

本书编写组

余展洪：

张华董事长给我的印象，就如《易·谦》所云：“初六，谦谦君子，用涉大川。吉。象曰：‘谦谦君子，卑以自牧也。’”越是自信的人，越是谦卑，层次越高的人，越是低调内敛。张董，就是这样一个让我内心无比敬重的当代新儒商。

2021 年夏天的一个周末，清晨露珠依稀可见，我带着学生助理杨礼顺同学前往深圳，在张董秘书徐方方的热情协助下，满满一天的采访非常顺利，我收获的已经不仅是家风的故事，更多的是震撼和心灵的荡涤。

曾记起在那洋溢着浓郁儒商“家文化”气息的三和国际集团公司里、在那入门尊孔礼敬于心的居家庭院里，张董和他的家人们盛情接待了我们。与张董的访谈过程中，他的举手投足彬彬有礼、一言一语朴实无华，从公司到他的家宅，甚至午餐时间，他都忙着不停地讲述着他父母的革命故事，动情之处几度落泪。当谈到自己对于家风建设的经验和心得时，张董毫无掩饰地如实向我们介绍自己的家庭生活、家规家训，眼里充满着爱和威严。让我甚为折服的是，张董将外出处理其他事务时，主动邀请我采访他的夫人、儿子等至亲，可见内心的从容、自信、坦荡，实为大家之格局也。

我以为，人最难得的认知，是见过天地寥廓，依然体谅卑微弱小。有缘拜访张董无疑将成为我修身历程中难忘一曲，甚为感恩。今天恰好是二十四节气之“小满”，就用一言共勉，小满是自然之道，也是人生哲理：淡淡一笑间，小小的盈满。

叶彦岑：

2021 年 11 月 12 日傍晚时分，当我第一次见到吴念博董事长的时候，他身上的气息让我印象深刻：冷静、理性、亲切、善良，同时是一位非常讲原则的人。

吴念博董事长接受采访时说的第一句话是记述在《孟子·离娄上》的“不孝有三，无后为大”，他解释这个“后”并不仅仅是指生命的传承，更是文化的传承，他对“后”理解显然超越了原有的定义。吴念博董事长从吴氏家族的祖先泰伯三让天下的故事谈起家风的话题，他对家的理解并不仅局限于自己的小家庭，同时成就了他的固锝电子股份有限公司这个大家庭。他的企业发展的文化理念就是“家文化”，幸福家与幸福企业既相辅相成又浑然一体。

吴念博董事长胸襟的博大令我深感震撼，在这种博大中蕴含着善良和博爱。在采访中，吴念博董事长讲了许多接受其父母亲的影响和教育的生活经历，这让在他长大之后把更多的时间和情怀都放在了企业和社会中，让他从童年的小家庭走出来后，成长为一个大企业的大家长。

这一次采访让我很受教育，吴念博董事长除了讲述了他的家风对他成长的影响之外，还讲了很多有关善念和为人处事的理念。生活中并不是每一个人都以浓情蜜意、热烈如火的方式去表达对家人的深情眷爱的，有些人总是表面波澜不惊，却情深如海，也许吴念博董事长是属于后者。岁月流逝，他把对家人的深情藏在了心底最珍贵、最柔软处，藏在了岁月的最深处。

高顺起：

这是我人生中第一次访谈资深的企业家，既幸运，又忐忑。访谈前，我查阅了孙明高董事长的相关资料，心中展现出他的伟大形象。

在访谈中，听他讲述父母、自己人生的经历、他的优良家风，我真真切切地感受到他信仰坚定、不惧困苦、敢于创新、热于创业、勇于担当，从他的言谈举止、坚毅的目光能感受到，优良的家风对他优秀品格的养成所起到的深刻影响。

访谈后，我思绪万千，感慨颇多，让我认识到一个家族优良家风的重要性，一个家族的优良家风不但可以德善相传，也可以积聚道德的力量和智慧的力量，并能力促新风。“修身、齐家、治国、平天下”，治其国先齐家，家庭是人生的第一所学校，肩负着培养下一代的责任和使命，对孩子的一生影响至深。家风指的是家庭或家族世代相传的风尚、生活作风、高尚的道德情操。良好的家风，需要我们一代代薪火相传，传递的过程更需要我们去弘扬再光大。好的家风，于社会而言是一种巨大的精神财富，于自己而言是一种无形的先天优势，传承担当、勤劳、执着、勤俭、真诚、感恩的家风，定能让我们的子孙后代找到人生前进的方向，让我们的民族找到团结凝聚的力量。

李骥：

2021 年 11 月至今，我荣幸参与了《新儒商家风》丛书的采编工作。在采访阶段里，可谓“好事多磨”，由于时间的冲突和年终的各种事务等原因，对曾庆宁董事长的采访跨越了 2022 年的新年，可谓跨年之作。每次和曾董事长通电话或者发信息，曾董事长给我印象非常谦虚、和蔼可亲，非常重视和支持采访工作，让我感觉他是一位非常值得尊敬的前辈。

在写作的过程中，曾董事长如数家珍，给我讲述了很多关于他家人的历历往事，一个个家风的故事里蕴含着对曾氏家训的传承、弘扬和创新，让我深受启发。其中给我留下深刻影响的就是他母亲身上的那种包容、豁达的胸怀。当他说到他母亲因为医生误诊而“白挨了一刀”后，他母亲却没有同意家人去医院讨公道，而是推己及人认为医院病人多，误判也在情理之中，没有同意家人去投诉。他母亲的包容之心、胸襟和格局，确实深深震撼着我。采访曾董还有许多让我深受教育的地方，如曾董作为一位教育家，他对青少年家庭教育的经验之谈让我印象深刻。他认为对少年儿童的家庭教育应该多用一种讲故事、编故事的形式，可以把家学、家风、中国历史等融入故事中，让孩子们去思考、去领悟。

采访曾董将成为我人生一次宝贵的认识现代新儒商家风的际遇，我将把其中美好的家风故事谨记于心，学以致用。

黄洁：

历时多月，终于完成了沈丽华董事长的采访和文稿撰写。回想起刚接到这个任务的时候，我的内心既兴奋不已也忐忑不安。为了更好地与沈董进行沟通交流，在采访之前，我在业余时间通过互联网等途径广泛收集有关沈董的相关新闻报道等资料。在搜索过程中，我被深深震撼，因为看到了许多关于沈董热爱公益并亲身践行的许多报道，其中孔子文庙、公益讲座、母亲讲堂等关键词不断出现，让我对即将到来的采访充满了热切期待。

与沈董约定的采访经历了一波三折。我与沈董曾经约定三次时间进行采访，每一次都因一些突发事情而中断或改期。后来，沈董做出灵活处理，如充分利用开会后的空余时间，分两次认真专注地接受了我的采访。在与沈董沟通交流的过程中，我了解到沈董每天的工作非常繁忙，除了忙工作事情，还要忙着筹备公益活动。在忙碌工作之余，沈董每天都会要求自己一定要抽出时间来照顾家庭、陪伴家人，而且也会利用空余时间学习传统文化知识，进行自我增值。沈董身上这些美德烙在我脑海深处，使我印象深刻。我被沈董身上那种敢于担当、顾小家成就大家的家国情怀、儒商气质所深深吸引，同时也被沈董父母的为人处世和良好家教所深深感动。我想说，这不仅仅是一次采访，更是一次弥足珍贵的学习好家风的机遇，让我终生难忘。

殷宇冰：

家是最小国，国是千万家。家庭的和谐幸福同国家民族的前途命运息息相关。能够有机会参与《新儒商家风》丛书编写工作，备感荣幸，获益良多。

张旗康先生正是一位典型的优秀企业家，当得知我们的采访计划后，张董在百忙之中抽出宝贵时间与我们一行亲切交流，真诚畅谈他的家庭故事、成长经历。令我触动最深的是，为了做好采访，他还特意联系了远在江西老家的亲人，让他们把家中唯一一套张家族谱寄送过来。在族谱文化的牵引下，他将记忆中珍藏的那些往事向我们娓娓道来，在谈笑风生之间呈现出一幅家风传承的生动图景。

对于企业家而言，如何把自身成功的感悟与经验在家庭中有效传承延续下去，进而改造一个家族、一个社会的生态，是必须认真思考的问题。人生经历极富传奇色彩的张董对家风有着颇为独到的见解，他告诉我们：企业家们最终传承的不是财富，而是家风，因为一时积累的财富可能会转瞬即逝，但是只要家风在，就可以厚德载物，生生不息。优秀企业家们思考和重视家教家风建设，把家族传承的责任与对社会做贡献结合起来，是一件极富意义的事情。无论时代如何变迁，一个人、一个家庭，还是一个家族都应该与祖国同向而行、与时代同频共振，发挥家风的强大力量，延续企业家敢于拼搏、乐于奉献的精神，这于私于公都是莫大的功德。

刘丽娟：

采访焦新建董事长之前，内心是焦虑不安的。接触多一些后，发现董事长是如此可亲可敬可爱。他对家庭的爱惜包容，对企业的尽职尽责，对社会的担当作为，无不让我佩服和欣赏。

满眼荣华不足贵，居家和睦值千金。焦董事长原生家庭特别和睦，母亲勤俭持家，父亲挣钱养家，培养了优秀的焦董事长。“家和人勤，满屋金银”是焦董事长家风的写照。焦董事长不论经营企业还是家庭生活，始终坚持践行“孝行天下”，他身体力行感染、带动身边更多人为社会承担更多责任，营造和谐家庭、和谐公司、和谐社会的良好氛围。

以诚感人者，人亦诚而应。焦董事长待人接物很友善诚恳，加深了我对他的尊敬。采访他好几次，每次都是开诚布公地向我介绍关于他的父母、妻儿、公司等。想必对待自己的员工，焦董事长也是真诚以待。正己化人，用至真至孝至仁至善成就了焦董事长的幸福企业。焦新建至真至诚的大孝，打动着每一颗至孝之心，“孝祖、孝亲、孝企、孝国家、孝行天下”的风气在全公司生根发芽。

出门走好路，出口说好话，出手做好事。在企业做大做强的同时，焦董事长也不忘回馈社会。东莞红十字会、希望小学、山下小学捐赠等，诠释了焦董事长饮水思源、回报社会、敬老爱老、无私奉献的高尚情怀。他说：“我会一直把慈善做下去，让这份温暖传承下去，带着更多人一起发光发热。”

焦董事长在大健康行业的“上下求索”，是一个孝子对家人的赤诚之心，更是一个企业家对社会大众的伟大责任感。

黄钟贤：

家庭是人生的第一所学校。家风家训是一种潜在的无形力量，在经年累月的家庭生活中必然会对家庭成员产生潜移默化的引导和示范作用，它影响着每一代人的成长，关系着一个家族的荣辱兴衰，正所谓“家风正则后代正，家风淳则民心淳”。家风家训历来得到中国人的高度重视，时至如今，许多为人处世的诸多准则大都源自家风家训，家风是一个家庭最宝贵的精神不动产。作为一名思想政治教育工作者，我有责任和义务将好家风发扬光大，将其与培育和弘扬社会主义核心价值观、中华民族传统家庭美德紧密结合起来，在课堂上向同学们传授。

由于疫情原因，我们在线上进行采访。陈董事长非常亲切和蔼，她孩童的经历、她与父母的故事、父母的坎坷经历和乐观精神，娓娓道来。听罢陈董事长的经历和故事，我由衷感慨：好家风就是一所高质量的学校，其特殊的教育方式就在于“潜移默化”“渗透”；好家风的构建与传承是一件利国利民的事情！陈董事长家的“诗礼传家”“万般皆下品，唯有读书高”“对爱情忠贞不渝”等家训，不仅影响了陈董事长的一生及家庭，也影响了她的企业。

“做好自己，做有正能量的事情”，是陈董事长对建设良好家风的首要建议。

无论是父母，还是思想政治教育工作者，都需要激活这些家风教训的文化因子，需要每个家庭一代又一代地接力传承良好家风，让社会的整体道德水平不断提升。家风，远不止于“家”。

宋晓亚：

非常荣幸有机会加入《新儒商家风》编写团队，在团队里，我主要负责对接浙江嘉兴三立企业管理顾问有限公司唐诗武董事长。

提起家风，似乎每一个家庭都有其特殊的存在。从“修身、齐家、治国、平天下”，到“心术不可得罪于天地，言行要留好样与儿孙”，都无不在强调：家风，是一个家庭的精神内核，是一个民族的魂，正可谓“正家，天下定矣”。

回忆起唐董事长的讲述，我很受感动、也颇为敬佩。他出生于一个普通的家庭，没有书香门第的谆谆教诲，没有以文字为载体记录下来的“家风”，但是他的家人传承着善的信仰，心存善念，身行善事。他心存感恩，汲取家风的精髓，嫉恶好善、除暴安良，面对不公、他挺身而出；永不言弃、心坚石穿，面对困难、他坚韧无惧。善念如镜，德厚流光。正是在他的坚守和传承下，其所在的企业，他对员工多次强调“善、孝”理念，倡导“立德、立功、立言”，秉持“育济世人才、谋企业永续、筑大同之基”理念。“天地位焉、万物育焉”，好家风犹如一盏照明灯，润物无声，却力量无穷。再次感谢唐董事长，让我有机会近距离感悟淳朴厚实的家风。愿我们每一个人都能在“善良”的家风中潜移默化、薪火相传。

许雨阳：

家是一个人人生开始的地方，也是一个人内心深处最柔软的地方。在我采访秦裕农会长时，他每每说到动情之处，都会忍不住地哽咽起来。在采访过程中这种发自内心、合乎情理、浑然天成的真挚感情，这样以真挚情感为根本联结的家风力量的传承，无疑具有感人肺腑、深远持久的力量。在这样的力量滋润、鼓舞下而成长起来的人，可想而知，无论面对什么样的艰难困苦，无论遭受怎样的挫折失败，都一定能坚韧不拔、矢志不渝，因为这样的人，他的内心是昂扬充盈的，他的人格是自由独立的，他的情感是丰富饱满的。

在撰稿过程中，我也时常会深受感动：感动于这种极为真挚可贵的父母子女亲情，感动于这种优秀的家风能够在代际之间接续传承，也感动于父母言传身教的力量之大，足以潜移默化地塑造子女的人格。家风的力量之所以能够深远持久，就是因为它是源自人们内心最深层次的情感联结。父母出于对自己的爱，所以言行举止都有规矩；父母出于对子女的爱，所以必有严格的管教，希冀子女成长成才；子女出于对父母的爱，所以才会懂得感恩，懂得帮助他人，回报社会。那么在严格管教和慈爱滋养下成长起来的第三代，也就必然能够有着良好的家教、教养。所以儒家所说的修身齐家治国平天下，其实讲的很重要的一方面就是强调家风的力量，即良好的家风对于推动国家治理、带动社会风气都有着积极影响和重要作用。

后记一

新儒商家风

余展洪 / 罗香萍[①]

改革开放四十多年来，有这样一群新儒商企业家，他们是中华优秀文化的坚定传承者、勇毅践行者，他们在自己生命岁月中光大着中华民族家庭美德，促进家庭和睦、亲人相爱、向上向善，树立良好家风，成为中国企业家中弘扬优秀家风文化的典范，迸发出催人奋进的正能量。由博鳌儒商论坛理事会、健坤慈善基金会联合发起的“新儒商家风”丛书编写活动，通过对30位新儒商企业家的采访，一个个动人的家风故事娓娓道来，让我们亲切、真实感受到企业家们心中的父母长辈的爱、优良家风家训的传承、慈善公益的温暖。同时，这些家风故事也充分展示了中华家风文化对企业家成长成才、经营企业品牌、营造企业文化的深刻影响和引领，必将唤起人们对中华优秀文化的传承和践行。

我们来自广东轻工职业技术学院马克思主义学院。学校高度重视融入中华优秀文化于学生思想政治教育的大思政课建设，2016年在马克思主义学院下设国学教育研究所，承担起传播中华优秀传统文化智慧的职责和使命。五年多来，老师们育人不倦，传统文化课堂使近万名学子感受到传统文化的润泽。2018年，研究所的老师们公开出版发行的教材《中国传统文化文化概论》得到师生好评，凝练的教学案例获得公开发表，孕育的教学成果获得学校教学成果二等奖。老师们一切的努力，努力的一切，都是源于对中华优秀传统

① 余展洪，广东轻工职业技术学院马克思主义学院党总支负责人，教授；罗香萍，广东轻工职业技术学院马克思主义学院国学教育研究所博士。

文化的强烈的热爱与传承。正是基于这样的积淀，我们得到博鳌儒商论坛理事长黎红雷教授、北京健坤慈善基金会理事长乔迁先生的信任和支持，荣幸成为《新儒商家风》一书的执行主编，组织国学教育研究所采访团队共29位老师全力以赴，通过线上或线下、见面或视频、电话或书信等不同方式，一对一地多次与企业家们沟通、交流，再将录音转化成文字，接着整理、编写、修改、沟通，数易其稿。同时，为了让大家读起来更直观、更深刻，我们选载了一些企业家提供的个人、父母及家庭的照片。经过我们的努力，冬去春来，这部书稿终于顺利完成。

中华家风文化与当代新儒商企业家的个人成长与新儒商企业的发展壮大有着千丝万缕的关系。新儒商人物的成长过程确实与其家风、家训、家教息息相关，不仅对于企业家个人的成长，而且对于企业的文化建设都发挥了基础的作用。由于每个人的成长环境、创业经历、承担的责任不同，对生活的感悟不同，所以对家风的感悟也不同，所讲述故事的侧重点也有所不同。有的侧重于讲父亲，有的侧重于讲母亲，有的父母亲一起讲，着重从父母的人生智慧中汲取营养，用以教育孩子；也有的从家风家教说起，引申到自己的创业经历、企业文化，突出优秀家风文化对企业文化的引导作用，破解企业的瓶颈问题。虽然是各有特色，各有千秋，但也体现了百花齐放，百舸争流，使得我们的丛书更有可读性、趣味性和典型性。

在中国共产党带领全国各族人民进入第二个百年奋斗目标的新征程上，我们非常高兴能够全程参与编辑和出版这套《新儒商家风》丛书，这是一项伟大的工程、一项非凡的事业。在此，我们向所有关心、指导、支持本书编撰的领导同人和亲人朋友们表示衷心的感谢：

感谢博鳌儒商论坛理事长黎红雷教授的信任和支持！

感谢健坤慈善基金会理事长乔迁先生的大爱与善举！

感谢健坤慈善基金会马世樱主任、王柏程秘书长、荣挺进老师的精心指导！

感谢30位中国新儒商企业家满满正能量的家风故事！

感谢29位老师的热心、耐心、真心、爱心付出与不懈努力！

孟子云："天下之本在国，国之本在家，家之本在身。"衷心希望《新儒商家风》丛书能够给我们修养身心、经营家庭提供有益的帮助和借鉴！让我们把更多的爱与感恩回馈社会、造福大众，为传承和弘扬中华优秀文化贡献自己的力量！

后记二

传承好家风

健坤慈善基金会“家风”丛书执行主编　马世樱

《新儒商家风》系列图书作为健坤慈善基金会家风丛书公益项目“家风的力量”重要内容，很荣幸携手博鳌儒商论坛、广东轻工职业技术学院马克思主义学院国学教育研究所、出版社的老师们共同协作完成。

健坤慈善基金会自2016年成立之初就致力家庭家教家风的建设，至今近6年时间里发起并开展了多项家风公益项目。在建设、弘扬和传播的过程中以“传承好家风，兴家强国”为己任。“家风的力量”丛书更是最好的对家风的传承和弘扬。

书中讲述了30位在商业领域有影响力的民营企业家的家风故事。改革开放40多年来，作为社会主体最为活跃的一分子，企业家的成长道路上一定是有着家庭的影响的，父母的言传身教，非常鲜明的“家风、家训、家规”在很大程度上影响着中国企业的代际传承和中国经济的可持续发展。书中根据每名企业家的特性和成长经历，讲述各具特色的家风故事，凝练企业家优秀品格和企业文化竞争力，展现企业家的家国情怀，传播和诠释中华家风文化。

我们希望通过梳理这些企业家的家风故事，来弘扬其坚毅、勤奋、努力拼搏、不畏艰辛、勇于承担的创造和建设精神，让广大青年从中吸取养分，受到激励和鼓舞，传承和进一步发扬民族精神和时代精神，为中华民族伟大复兴而努力。

这正是以小家促大家，好家风带动好社风，兴家强国之路。